Mikrohullámú Sütési Csodák

Receptek a Gyors és Egyszerű Mikrohullámú Sütésért

Viktória Nagy

Tartalom

Olasz burgonyaleves

4-5 fő részére

1 nagy hagyma, apróra vágva
30 ml/2 evőkanál olíva- vagy napraforgóolaj
4 nagy burgonya
1 kis főtt sonka csont
2¼ qts/1,25 liter/5½ csésze forró csirkehúsleves
Só és frissen őrölt fekete bors
60 ml/4 evőkanál folyékony tejszín (könnyű)
reszelt szerecsendió
30 ml/2 evőkanál apróra vágott petrezselyem

Helyezze a hagymát és az olajat egy 10 csésze / 4 qt. / 2,25 literes tálba. Fedő nélkül, olvadáson 5 percig főzzük, kétszer megkeverve. Közben meghámozzuk és felkockázzuk a burgonyát. Keverjük hozzá a hagymát, és adjuk hozzá a sonkacsontot, a forró húslevest és ízlés szerint sózzuk, borsozzuk. Fedjük le egy tányérral, és főzzük nagy teljesítményen 15-20 percig, kétszer megkeverve, amíg a burgonya megpuhul. Keverjük hozzá a tejszínt, öntsük leveses tálakba, és szórjuk meg szerecsendióval és petrezselyemmel.

6-8 fő részére

900 g érett paradicsom, blansírozva, meghámozva és negyedelve

50 g/2 uncia/¼ csésze vaj vagy margarin vagy 30 ml/2 evőkanál

olívaolaj

2 zellerszár, apróra vágva

1 nagy hagyma, apróra vágva

30 ml/2 evőkanál sötétbarna cukor

5 ml/1 teáskanál szójaszósz

2,5 ml/½ teáskanál só

300 ml/½ pt/1¼ csésze forró víz

30 ml/2 evőkanál kukoricakeményítő (maizena)

150 ml/¼ pt/2/3 csésze hideg víz

Közepes sherry

A paradicsomot turmixgépben vagy konyhai robotgépben pürésítjük. Helyezzen vajat, margarint vagy olajat egy 1,75 literes edénybe. Teljesen melegítjük 1 percig. Keverjük össze a zellert és a hagymát. Fedjük le egy tányérral, és főzzük teljes erővel 3 percig. Adjuk hozzá a paradicsompürét, a cukrot, a szójaszószt, a sót és a forró vizet. Fedjük le, mint korábban, és főzzük teljes erővel 8 percig, négyszer megkeverve. Közben a kukoricakeményítőt óvatosan elkeverjük a hideg vízzel. A levesbe keverjük. Fedő nélkül, teljes erővel 8 percig főzzük, négyszer megkeverve. Merőkanál leveses tálakba, és adj hozzá egy-egy sherryt mindegyikbe.

Paradicsomleves avokádó vinaigrette-vel

8 fő részére

2 érett avokádó

1 kis lime leve

1 gerezd fokhagyma, összetörve

30 ml/2 evőkanál mustáros majonéz

45 ml/3 evőkanál friss tejszín

5 ml/1 teáskanál só

Egy csipet kurkuma

20 fl oz/600 ml dobozos sűrített paradicsomleves

600 ml / 1 pt / 2½ csésze langyos víz

2 paradicsom, blansírozva, meghámozva, kimagozva és negyedelve

Hámozzuk meg és vágjuk félbe az avokádót, távolítsuk el a magokat (magokat). A húst finomra pépesítjük, majd összekeverjük a lime levével, fokhagymával, majonézzel, friss tejszínnel, sóval és kurkumával. Fedjük le és hűtsük le, amíg szükséges. Öntse mindkét doboz levest egy 3 literes/7½ csésze/1,75 literes edénybe. Óvatosan felverjük a vízben. A paradicsomhúst csíkokra vágjuk, és a kétharmadát a leveshez adjuk. Fedjük le az edényt egy tányérral, és főzzük nagy teljesítményen 9 percig, amíg nagyon forró lesz, négyszer-ötször megkeverve. Merőkanál leveses tálakba, és adj hozzá egy gombóc avokádó vinaigrettet mindegyikbe. Díszítsük a maradék paradicsomszeletekkel.

Hideg sajt- és hagymaleves

6-8 fő részére

25 g/1 uncia/2 evőkanál vaj vagy margarin

2 hagyma, apróra vágva

2 zellerszár, apróra vágva

30 ml/2 evőkanál sima liszt (minden célra)

900 ml / 1½ qts / 3¾ csésze forró csirke- vagy zöldségalaplé

45 ml/3 evőkanál száraz fehérbor vagy fehér portói

Só és frissen őrölt fekete bors

125 g/4 oz/1 csésze kéksajt, morzsolva

125 g/4 uncia/1 csésze cheddar sajt, reszelve

150 ml/¼ pt/2/3 csésze tejszínhab

Finomra vágott zsálya, díszítéshez

Helyezzen vajat vagy margarint egy 4 liter/10 csésze/2,25 literes edénybe. Felolvasztjuk, fedő nélkül, 1,5 percig felolvasztva. Keverjük össze a hagymát és a zellert. Fedjük le egy tányérral, és főzzük teljes erővel 8 percig. Vegye ki a mikrohullámú sütőből. Keverje hozzá a lisztet, majd fokozatosan keverje hozzá a húslevest és a bort vagy a portóiat. Fedjük le, mint korábban, és főzzük teljes erővel 10-12 percig, 2-3 percenként kavargatva, amíg a leves sima, sűrű és forró lesz. Ízlés szerint fűszerezzük. Adjuk hozzá a sajtokat és keverjük, amíg el nem olvad. Letakarva hagyjuk kihűlni, majd néhány órára vagy egy éjszakára hűtőbe tesszük. Tálalás előtt keverjük össze és óvatosan keverjük hozzá a tejszínt. Öntsük bögrékbe vagy tálakba, és enyhén szórjuk meg zsályával.

Svájci sajtleves

6-8 fő részére

25 g/1 uncia/2 evőkanál vaj vagy margarin

2 hagyma, apróra vágva

2 zellerszár, apróra vágva

30 ml/2 evőkanál sima liszt (minden célra)

900 ml / 1½ qts / 3¾ csésze forró csirke- vagy zöldségalaplé

45 ml/3 evőkanál száraz fehérbor vagy fehér portói

5 ml/1 teáskanál kömény

1 gerezd fokhagyma, összetörve

Só és frissen őrölt fekete bors

225 g ementáli vagy gruyere (svájci) sajt, reszelve

150 ml/¼ pt/2/3 csésze tejszínhab

Krutonok

Helyezzen vajat vagy margarint egy 4 liter/10 csésze/2,25 literes edénybe. Felolvasztjuk, fedő nélkül, 1,5 percig felolvasztva.

Keverjük össze a hagymát és a zellert. Fedjük le egy tányérral, és főzzük teljes erővel 8 percig. Vegye ki a mikrohullámú sütőből. Keverje hozzá a lisztet, majd fokozatosan keverje hozzá a húslevest és a bort vagy a portóiat. Hozzákeverjük a köménymagot és a fokhagymát. Fedjük le, mint korábban, és főzzük teljes erővel 10-12 percig, 2-3 percenként kavargatva, amíg a leves forró, sima és besűrűsödik. Ízlés szerint fűszerezzük. Adjuk hozzá a sajtot, és keverjük, amíg el nem olvad. Keverjük hozzá a tejszínt. Öntsük bögrékbe vagy tálakba, és melegen, krutonnal díszítve tálaljuk.

Avgolémono leves

6 fő részére

2¼ qts/1,25 liter/5½ csésze forró csirkehúsleves

60 ml/4 evőkanál rizottó rizs

2 citrom leve

2 nagy tojás

Só és frissen őrölt fekete bors

Öntse a húslevest egy mély, 3 qt/7½ csésze/1,75 literes edénybe. Belekeverjük a rizst. Fedjük le egy tányérral, és főzzük teljes erővel 20-25 percig, amíg a rizs megpuhul. A citromlevet és a tojást jól kikeverjük egy leveses tálban vagy más nagy tálban. Óvatosan keverjük hozzá a húslevest és a rizst. Tálalás előtt ízlés szerint fűszerezzük.

18

Uborkás Velouté Pastisszal

6-8 fő részére

900 g/2 font uborka, hámozott

45 ml/3 evőkanál vaj vagy margarin

30 ml/2 evőkanál kukoricakeményítő (maizena)

600 ml / 1 qt / 2½ csésze csirke- vagy zöldségalaplé

300 ml/½ pt/1¼ csésze tejszínhab

7,5–10 ml/1½–2 teáskanál só

10 ml/2 teáskanál Pernod vagy Ricard (pastis)

Frissen őrölt fekete bors

Apróra vágott kapor (kapor)

Az uborkát reszelővel vagy konyhai robotgép szeletelő korongjával nagyon vékonyra szeleteljük. Tedd egy tálba, fedd le és hagyd állni 30 percig, hogy a nedvesség egy része átszivárogjon. Tiszta konyharuhában (torchon) csavarja ki a lehető legszárazabbra.

Helyezzen vajat vagy margarint egy 4 liter/10 csésze/2,25 literes edénybe. Felolvasztjuk, fedő nélkül, 1,5 percig felolvasztva. Keverjük össze az uborkát. Fedjük le egy tányérral, és főzzük teljes erővel 5 percig, háromszor megkeverve. Óvatosan keverje össze a kukoricakeményítőt a húsleves egy részével, majd adja hozzá a húsleves többi részét. Fokozatosan keverjük hozzá az uborkát. Főzzük fedő nélkül, teljes erővel körülbelül 8 percig, háromszor-négyszer megkeverve, amíg a leves forró lesz, sima és megvastagodott. Adjuk hozzá a tejszínt, a sót és a tésztát, és jól keverjük össze. Melegítse újra, fedetlenül, teljes teljesítményen 1-1,5 percig. Ízlés szerint borssal ízesítjük.

Curry leves rizzsel

6 fő részére

Kellemesen enyhe angol-indiai csirkeleves.

30 ml/2 evőkanál mogyoró- vagy napraforgóolaj

1 nagy hagyma, apróra vágva

3 zellerszár, apróra vágva

15 ml/1 evőkanál enyhe curry por

30 ml/2 evőkanál szárazon szárított sherry

1 liter/1¾ qts/4¼ csésze csirke- vagy zöldségalaplé

125 g/4 oz/½ csésze hosszú szemű rizs

5 ml/1 teáskanál só

15 ml/1 evőkanál szójaszósz

175 g/6 uncia/1½ csésze főtt csirke, csíkokra vágva

Sűrű natúr joghurt vagy friss tejszín, tálaláshoz

Öntsön olajat egy 4 liter/10 csésze/2,25 literes edénybe. Fedő nélkül, teljes teljesítménnyel 1 percig melegítjük. Adjuk hozzá a hagymát és a zellert. Fedő nélkül, teljes erővel 5 percig főzzük, egyszer megkeverve. Keverje hozzá a curryport, a sherryt, az alaplevet, a rizst, a sót és a szójaszószt. Fedjük le egy tányérral, és főzzük teljes erővel 10 percig, kétszer megkeverve. Adjuk hozzá a csirkét. Fedjük le, mint korábban, és főzzük teljes erővel 6 percig. Merőkanálba öntjük, és mindegyik tetejére öntsünk joghurtot vagy crème fraîche-t.

Vichyssoise

6 fő részére

A póréhagyma és burgonyaleves csúcskategóriás, hűtött változata, amelyet Louis Diat amerikai szakács talált fel a 20. század elején.

2 póréhagyma

350 g/12 uncia burgonya, meghámozva és szeletelve

25 g/1 uncia/2 evőkanál vaj vagy margarin

30 ml/2 evőkanál víz

450 ml/¾ pt/2 csésze tej

15 ml/1 evőkanál kukoricakeményítő (maizena)

150 ml/¼ pt/2/3 csésze hideg víz

2,5 ml/½ teáskanál só

150 ml/¼ pt/2/3 csésze folyékony tejszín (könnyű)

Apróra vágott metélőhagyma, díszítéshez

Vágja fel a póréhagymát, távolítsa el a zöld nagy részét. A többit felvágjuk és alaposan megmossuk. Szelet vastagon. Helyezze egy 3½ qt./8½ csésze/2 literes edénybe burgonyával, vajjal vagy margarinnal és vízzel. Fedjük le egy tányérral, és főzzük teljes erővel 12 percig, négyszer megkeverve. Tedd a turmixgépbe, add hozzá a tejet és pürésítsd. Térjen vissza az edényhez. A kukoricakeményítőt óvatosan összekeverjük a vízzel, és hozzáadjuk az edényhez. Ízlés szerint sóval ízesítjük. Főzzük, fedő nélkül, teljes erővel 6 percig, percenként verve. Hagyjuk kihűlni. Keverjük hozzá a tejszínt. Fedjük le és jól hűtsük le. Merőkanálba öntjük, és minden adagot megszórunk metélőhagymával.

Hideg uborkaleves joghurttal

6-8 fő részére

25 g/1 uncia/2 evőkanál vaj vagy margarin

1 nagy gerezd fokhagyma

1 uborka meghámozva és durvára reszelve

600 ml / 1 qt / 2½ csésze natúr joghurt

300 ml / ½ pt / 1¼ csésze tej

150 ml / ¼ pt / 2/3 csésze hideg víz

2,5–10 ml / ½–2 teáskanál só

Apróra vágott menta, díszítéshez

Helyezzen vajat vagy margarint egy 1,75 literes edénybe. Fedő nélkül, teljes teljesítménnyel 1 percig melegítjük. Törjük össze a fokhagymát és adjuk hozzá az uborkát. Fedő nélkül, teljes erővel 4 percig főzzük, kétszer megkeverve. Vegye ki a mikrohullámú sütőből. Az összes többi hozzávalót felverjük. Fedjük le és tegyük hűtőbe több órára. Merőkanálba öntjük, és minden adagot megszórunk mentával.

Hideg spenótleves joghurttal

6-8 fő részére

25 g / 1 uncia / 2 evőkanál vaj vagy margarin

1 nagy gerezd fokhagyma

450 g/1 font babaspenót, aprítva

600 ml / 1 qt / 2½ csésze natúr joghurt

300 ml/½ pt/1¼ csésze tej

150 ml/¼ pt/2/3 csésze hideg víz

2,5–10 ml/½–2 teáskanál só

1 citrom leve

Díszítésnek reszelt szerecsendió vagy darált dió

Helyezzen vajat vagy margarint egy 1,75 literes edénybe. Fedő nélkül, teljes teljesítménnyel 1 percig melegítjük. Törjük össze a fokhagymát és adjuk hozzá a spenótot. Fedő nélkül, teljes erővel 4 percig főzzük, kétszer megkeverve. Vegye ki a mikrohullámú sütőből. Turmixgépben vagy konyhai robotgépben durvára pürésítjük. Az összes többi hozzávalót felverjük. Fedjük le és tegyük hűtőbe több órára. Merőkanálba öntjük, és minden adagot megszórunk őrölt szerecsendióval vagy dióval.

Sherry mázas paradicsomleves

4-5 fő részére

300 ml/½ pt/1¼ csésze víz

10 fl oz/300 ml konzerv sűrített paradicsomleves

30 ml/2 evőkanál száraz sherry

¼ pt/2/3 csésze/150 ml dupla (nehéz) tejszín

5 ml/1 teáskanál Worcestershire szósz

Apróra vágott metélőhagyma, díszítéshez

Öntse a vizet egy 1,25 literes tálba, és fedő nélkül melegítse teljes teljesítményen 4-5 percig, amíg buborékolni kezd. A paradicsomlevest felverjük. Ha teljesen sima, jól keverjük össze a többi hozzávalót. Fedjük le és tegyük hűtőbe 4-5 órára. Keverjük össze, öntsük üvegedényekbe, és szórjuk meg mindegyiket metélőhagymával.

New England Fish Chowder

6-8 fő részére

Még mindig Észak-Amerikában szolgálják fel vasárnapi villásreggelire, a Clam Chowder az alapvető klasszikus, de mivel a kagylót nem olyan könnyű megtalálni, a fehér halat lecserélték.

5 csík barázdált bacon (szelet), durvára vágva

1 nagy hagyma, meghámozva és lereszelve

15 ml/1 evőkanál kukoricakeményítő (maizena)

30 ml/2 evőkanál hideg víz

1 font/450 g burgonya, ½/1 cm-es kockákra vágva

900 ml / 1½ pont / 3¾ csésze forró teljes tej

450 g/1 font kemény, bőr nélküli fehér halfilé, falatnyi darabokra vágva

2,5 ml/½ teáskanál őrölt szerecsendió

Só és frissen őrölt fekete bors

Helyezze a szalonnát egy 4,5 literes tálba 11 csésze. Hozzáadjuk a hagymát, és fedő nélkül, teljes erővel 5 percig főzzük. Óvatosan keverjük össze a kukoricalisztet a vízzel, és keverjük bele a tálba. Hozzákeverjük a burgonyát és a forró tej felét. Fedő nélkül, teljes erővel főzzük 6 percig, háromszor megkeverve. Adjuk hozzá a maradék tejet, és fedő nélkül főzzük teljes erővel 2 percig. Adjuk hozzá a halat a szerecsendióval és fűszerezzük ízlés szerint. Fedjük le egy tányérral, és főzzük nagy teljesítményen 2 percig, amíg a hal megpuhul. (Ne aggódjon, ha a hal elkezdett omlani.) Öntsük mély tálakba, és azonnal fogyasszuk el.

rákleves

4 fő részére

25 g / 1 uncia / 2 evőkanál sótlan vaj (lágy)

20 ml/4 tk sima liszt (minden célra)

300 ml/½ pt/1¼ csésze melegített teljes tej

300 ml/½ pt/1¼ csésze víz

2,5 ml/½ teáskanál angol mustár

Egy csipetnyi csípős szósz

1 oz/¼ csésze 25 g cheddar sajt, reszelve

175 g világos és sötét rákhús

Só és frissen őrölt fekete bors

45 ml/3 evőkanál száraz sherry

Tegye a vajat egy 1,75 literes/3 qt/7½ csésze edénybe. 1-1 ½ percig felolvasztjuk. Belekeverjük a lisztet. Fedő nélkül, teljes teljesítményen főzzük 30 másodpercig. Fokozatosan adjuk hozzá a tejet és a vizet. Főzzük fedő nélkül, teljes teljesítményen 5-6 percig, amíg sima és besűrűsödik, percenként verve. Keverje hozzá az összes többi hozzávalót. Fedő nélkül főzzük teljes teljesítményen 1,5-2 percig, kétszer megkeverve, amíg át nem melegszik.

Rák és citromleves

4 fő részére

Készítsd el úgy, mint a ráklevesnél, de adj hozzá 1 tk/5 ml finomra reszelt citromhéjat a többi hozzávalóval együtt. Minden adagot megszórunk egy kevés reszelt szerecsendióval.

Homár keksz

4 fő részére

A rákleveshez hasonlóan készítsük el, de a tejet folyékony tejszínnel (light), a rákhúst pedig apróra vágott homárhússal helyettesítsük.

Leves szárított tasakkal

Öntse a csomag tartalmát 2¼-qt./5½ csésze/1,25 literes edénybe. Fokozatosan öntse hozzá az ajánlott mennyiségű hideg vizet. Fedjük le és hagyjuk állni 20 percig, hogy a zöldségek megpuhuljanak. Keverjük össze. Fedjük le egy tányérral, és főzzük nagy teljesítményen 6-8 percig, kétszer megkeverve, amíg a leves fel nem forr és besűrűsödik. 3 percig állni hagyjuk. Keverjük össze és tálaljuk.

Konzerv sűrített leves

Öntse a levest egy 2¼-qt./5½ csésze/1,25 literes mérőkancsóba.

Adjunk hozzá 1 doboz forrásban lévő vizet, és jól keverjük össze.

Fedjük le egy tányérral vagy csészealjjal, és melegítsük 6-7 percig,

kétszer keverjük fel, amíg a leves fel nem forr. Tálkákba öntjük és

tálaljuk.

Melegítse fel a leveseket

A legjobb eredmény elérése érdekében a tiszta vagy híg leveseket

melegítse fel a telt, krémes levesek és a húslevesek kiolvasztása

helyett.

Főzéshez melegítse fel a tojásokat

Felbecsülhetetlen, ha az utolsó pillanatban úgy dönt, hogy megsüti,
és szobahőmérsékletű tojásra van szüksége.

1 tojáshoz:törje fel a tojást egy kis edénybe vagy csészébe. A

sárgáját nyárssal vagy kés hegyével kétszer szúrjuk meg, nehogy a

bőr szétrepedjen és a sárgája ne robbanjon fel. Fedjük le az edényt

vagy csészét csészealjjal. Melegítse újra 30 másodpercig

leolvasztással.

2 tojáshoz:mint 1 tojásnál, de 30-45 másodpercig melegítjük.

3 tojáshoz:mint 1 tojásnál, de melegítse újra 1-1 ¼ percig.

Buggyantott tojás

Ezeket a legjobb egyenként, saját ételeikben főzni.

1 tojáshoz:öntsön 90 ml/6 evőkanál forró vizet egy mély tányérba. Adjon hozzá ½ teáskanál/2,5 ml enyhe ecetet, hogy megakadályozza a fehérje szétterülését. Óvatosan csúsztasson el 1 tojást, először egy csészébe törve. A sárgáját nyárssal vagy kés hegyével kétszer átszúrjuk. Fedjük le egy tányérral, és főzzük teljes teljesítményen 45 másodperctől 1 ¼ percig, a fehérje keménységétől függően. 1 percig állni hagyjuk. Egy perforált halszelettel emeljük ki az edényből.

Egyidejűleg 2 fogásban főzött 2 tojáshoz:Főzzük teljesen 1 és fél percig. Hagyjuk állni 1 1/4 percig. Ha a fehérje túl folyékony, főzzük további 15-20 másodpercig.

Egyidejűleg 3 fogásban főzött 3 tojáshoz:főzzük teljes erővel 2-2 és fél percig. 2 percig állni hagyjuk. Ha a fehérje túl folyékony, főzzük további 20-30 másodpercig.

Tükörtojás (pirított)

A mikrohullámú sütő remek munkát végez itt, a tojások pedig puhák és gyengédek, mindig napos felükkel felfelé, és soha nem kunkorodó fehér szegéllyel. Nem ajánlott egyszerre 2 tojásnál többet sütni, mert a sárgája gyorsabban megfő, mint a fehérje, és kemény lesz. Ennek oka a fehérjék megszilárdulásához szükséges hosszabb főzési idő. Használjon porcelánt vagy kerámiát mindenféle díszítés nélkül, ahogy azt Franciaországban teszik.

1 tojáshoz: Egy kis porcelán- vagy fazekas edényt enyhén megkenünk olvasztott vajjal, margarinnal vagy egy csepp finom olívaolajjal. Törjük fel a tojást egy csészébe, majd csúsztassuk az elkészített edénybe. A sárgáját nyárssal vagy kés hegyével kétszer átszúrjuk. Enyhén megszórjuk sóval és frissen őrölt fekete borssal. Fedjük le egy tányérral, és főzzük teljes teljesítményen 30 másodpercig. 1 percig állni hagyjuk. Folytassa a főzést további 15-20 másodpercig. Ha a fehérje nem áll meg eléggé, főzzük még 5-10 másodpercig.

2 tojáshoz:mint 1 tojásnál, de először 1 percig főzzük teljes erővel, majd várjunk 1 percet. Főzzük további 20-40 másodpercig. Ha a fehérje nem áll meg eléggé, várjon további 6-8 másodpercet.

piparád

4 fő részére

30 ml/2 evőkanál olívaolaj

3 hagyma, nagyon vékonyra szeletelve

2 zöld kaliforniai paprika (paprika), kimagozva és apróra vágva

6 paradicsom, blansírozva, meghámozva, kimagozva és apróra

vágva

15 ml / 1 evőkanál apróra vágott bazsalikomlevél

Só és frissen őrölt fekete bors

6 nagy tojás

60 ml/4 evőkanál tejszín

Pirítós, tálalni

Öntse az olajat egy 25 cm átmérőjű mély edénybe, és fedő nélkül melegítse teljes teljesítményen 1 percig. Keverje hozzá a hagymát és a paprikát. Fedjük le egy tányérral, és főzzük kiolvasztáson 12-14 percig, amíg a zöldségek megpuhulnak. Hozzákeverjük a paradicsomot és a bazsalikomot, és ízlés szerint fűszerezzük. Fedjük le, mint korábban, és főzzük teljes erővel 3 percig. A tojásokat és a tejszínt jól felverjük, ízlés szerint fűszerezzük. Öntsük az edénybe, és keverjük össze a zöldségekkel. Fedő nélkül, teljes erővel 4-5 percig főzzük, amíg enyhén fel nem keveredik, percenként megkeverve. Fedjük le és hagyjuk állni 3 percig, mielőtt ropogós pirítóssal tálalnánk.

Piperade Gammonnal

4 fő részére

Készítse el úgy, mint a Piperade-nál, de tálalja a sült (pirított) kenyérre, és tegyen rá egy-egy szelet grillezett (grillezett) vagy mikrohullámú gammont.

Piperada

4 fő részére

A Piperade spanyol változata.

Készítsük el úgy, mint a Piperade-nál, de adjunk hozzá 2 gerezd zúzott fokhagymát a hagymával és a zöldpaprikával, és adjunk a főtt zöldségekhez 125 g durvára vágott sonkát. Díszítsen minden adagot felszeletelt töltött olajbogyóval.

4 fő részére

450 g/1 font frissen főtt spenót

60 ml/4 evőkanál tejszínhab

4 buggyantott tojás, egyszerre 2 főtt

½ qt./1¼ csésze/300 ml forró sajtszósz vagy Mornay szósz

50 g/2 uncia/½ csésze reszelt sajt

A spenótot és a tejszínt robotgépben vagy turmixgépben dolgozd össze. Kivajazott sekély, 18 cm átmérőjű hőálló edénybe rendezzük. Fedjük le egy tányérral, és melegítsük teljes teljesítményen 1 és fél percig. A tetejére helyezzük a tojásokat, és lekenjük forró mártással. Megszórjuk sajttal, és forró grill alatt (broiler) megpirítjuk.

Buggyantott tojás Rossini

1-ÉRT

Ez egy könnyű és elegáns ebédet tesz lehetővé zöldsalátával.

A kéregtelen búzadara szeleteket megpirítjuk (sauté) vagy grillezzük. Megkenjük krémes májpástétomtal, amely, ha az ár engedi, szarvasgombát is tartalmaz. Díszítsük frissen főtt buggyantott tojással, és azonnal tálaljuk.

Padlizsános rántotta

4 fő részére

Egy izraeli ötlet, amely jól átalakul a mikrohullámú sütőben. Az íze meglepően erőteljes.

750 g/1½ font padlizsán (padlizsán)

15 ml / 1 evőkanál citromlé

15 ml/1 evőkanál kukorica- vagy napraforgóolaj

2 hagyma, finomra vágva

2 gerezd fokhagyma, összetörve

4 nagy tojás

60 ml/4 evőkanál tej

Só és frissen őrölt fekete bors

Forró vajas pirítós, tálaláshoz

A padlizsánokat meghámozzuk és meghámozzuk, majd hosszában kettévágjuk. Tedd egy nagy tányérra, vágd le, és takard le papírtörlővel. Főzzük teljes erővel 8-9 percig, vagy amíg megpuhul. Közvetlenül konyhai robotgépben távolítsa el a húst a héjáról a citromlével és durvára pürésítse. Helyezzen olajat 2½ qt/6 csésze/1,5 literes edénybe. Fűtés, fedetlen, teljes teljesítményen 30 másodpercig. Keverje hozzá a hagymát és a fokhagymát. Fedő nélkül, teljes erővel főzzük 5 percig. A tojásokat felverjük a tejjel, és ízlés szerint óvatosan fűszerezzük. Öntsük edénybe, és 30 másodpercenként keverjük össze hagymával és fokhagymával Full-on 2 percig. A hagymát és a fokhagymát összekeverjük, majd hozzáadjuk a padlizsánpürét. Folytassa a főzést fedő nélkül, teljes erővel 3-4 percig, 30 másodpercenként keverve, amíg a keverék besűrűsödik és a tojás rántotta meg. Forró vajas pirítósra tálaljuk.

Klasszikus omlett

1-re

Könnyű textúrájú omlett, amelyet simán vagy díszítve is tálalhatunk.

Olvasztott vaj vagy margarin

3 tojás

20 ml/4 teáskanál só

Frissen őrölt fekete bors

30 ml/2 evőkanál hideg víz

Díszítésnek petrezselyem vagy vízitorma

Egy sekély, 20 cm átmérőjű edényt kenjünk ki olvasztott vajjal vagy margarinnal. A tojásokat erősen felverjük a többi hozzávalóval, kivéve a köretet. (A tojásokat enyhén feltörni, mint a hagyományos omlettnél, nem elég.) Az edénybe öntjük, tányérra borítjuk, és mikrohullámú sütőbe tesszük. Főzzük teljesen 1 és fél percig. Fedje le és óvatosan keverje össze a tojáskeveréket egy fakanállal vagy villával úgy, hogy a részben megkötött széleket középre vigye. Fedjük le, mint korábban, és tegyük vissza a mikrohullámú sütőbe. Főzzük teljesen 1 és fél percig. Nyissa ki a fedelet, és folytassa a főzést 30-60 másodpercig, vagy amíg a teteje

meg nem puhul. Harmadszor hajtsa be és csúsztassa meleg tányérra.
Díszítsük és azonnal tálaljuk.

1-re

Petrezselymes omlett:úgy készítsük el, mint a Classic Omlettnél,
de szórjuk meg a tojásokat 30 ml/2 ek. apróra vágott petrezselymet,
miután az omlett az első 1,5 percben megfőtt.

Metélőhagyma omlett:úgy készítsük el, mint a Classic Omlettnél,
de szórjuk meg a tojásokat 30 ml/2 ek. vágott metélőhagyma,
miután az omlett az első 1,5 percben megfőtt.

Vízitorma omlett:úgy készítsük el, mint a Classic Omlettnél, de
szórjuk meg a tojásokat 30 ml/2 ek. apróra vágott vízitorma, miután
az omlett az első 1,5 percben megfőtt.

Omlett gyógynövényekkel:úgy készítsük el, mint a Classic
Omlettnél, de szórjuk meg a tojásokat 45 ml/3 ek. evőkanál apróra
vágott petrezselyem, cseresznye és bazsalikom keveréke az omlett
főzésének első másfél perce után. Egy kis friss tárkony is tehető
bele.

Koriander curry omlett:úgy készítsük el, mint a klasszikus
omlettet, de verjük fel a tojást és a vizet 5-10 ml/1-2 evőkanál.

curry por plusz só és bors. Szórja meg a tojásokat 2 evőkanál/30 ml apróra vágott korianderrel (koriander), miután az omlett az első 1,5 percben megfőtt.

Sajtos és mustáros omlett:úgy készítsük el, mint a klasszikus omlettet, de verjük fel a tojást és a vizet 1 tk/5 ml-rel. friss mustár és 2 tk/30 ml. evőkanál nagyon finomra reszelt és jól ízesített kemény sajtot a só és bors mellett.

Brunch Omlett

1-2 fő részére

Észak-amerikai stílusú omlett, amelyet hagyományosan vasárnapi villásreggelire szolgálnak fel. A Brunch Omlett a klasszikus omletthez hasonlóan ízesíthető és díszíthető.

Készítse el úgy, mint a klasszikus omlettet, de helyettesítse 45 ml/3 evőkanál. hideg tej 30 ml/2 evőkanál. víz. Felfedés után főzzük teljes erővel 1-1 és fél percig. Harmadszor hajtsa be, és óvatosan csúsztassa egy tányérra.

Buggyantott tojás olvasztott sajttal

1-re

1 szelet forró vajas pirítós
45 ml/3 evőkanál krémsajt
Paradicsom ketchup (ketchup)
1 buggyantott tojás
60-75 ml/4-5 evőkanál reszelt sajt
Paprika

A pirított kenyeret megkenjük a krémsajttal, majd a paradicsomos ketchuppal. Tányérra tesszük. A tetejét megkenjük buggyantott tojással, majd megszórjuk reszelt sajttal és megszórjuk paprikával. Fedő nélkül melegítse felolvasztással 1-1,5 percig, amíg a sajt el nem kezd olvadni. Egyél azonnal.

Tojás Benedek

1-2 fő részére

Egyetlen észak-amerikai vasárnapi villásreggeli sem lenne teljes az Eggs Benedict nélkül, egy rendkívül gazdag tojásfőzet nélkül, amely dacol minden kalória- és koleszterinkorlátozással.

Oszd fel és piríts meg egy muffint vagy bap-ot. A tetejére tegyünk egy szeletet (szeletet) hagyományosan grillezett enyhe szalonnát, majd mindkét felét kenjük meg egy frissen buggyantott tojással. Meglocsoljuk hollandi szósszal, majd enyhén megszórjuk paprikával. Egyél azonnal.

Arnold Bennett Omlett

2-re

Állítólag a londoni Savoy Hotel séfje készítette a híres író tiszteletére, ez egy monumentális és emlékezetes omlett minden nagy napra és ünnepre.

6 oz/175 g foltos tőkehal filé vagy füstölt tőkehal
45 ml/3 evőkanál forrásban lévő víz
120 ml / 4 folyadék uncia / ½ csésze friss tejszín
Frissen őrölt fekete bors
Olvasztott vaj vagy margarin, ecsetelésre
3 tojás
45 ml/3 evőkanál hideg tej
Egy csipet só

50 g/2 uncia/½ csésze színes Cheddar vagy Red Leicester sajt,

reszelve

Helyezze a halat egy mély tányérba vízzel. Fedjük le egy tányérral, és főzzük teljes erővel 5 percig. 2 percig állni hagyjuk. Lecsöpögtetjük, és villával morzsoljuk össze a húsát. Belekeverjük a tejszínt, és ízlés szerint borsozzuk. Egy 20 cm átmérőjű mély tányért megkenünk olvasztott vajjal vagy margarinnal. A tojásokat a tejjel és a sóval óvatosan felverjük. Öntsük az edénybe. Fedjük le egy tányérral, és főzzük teljes erővel 3 percig, miközben a sütési széleket a sütés felénél középre toljuk. Fedje le és főzze teljes erővel további 30 másodpercig. Megkenjük a hal-tejszín keverékkel és megszórjuk sajttal. Főzzük fedő nélkül, nagy teljesítményen 1-1 és fél percig, amíg az omlett forró és a sajt megolvad.

Tortilla

2-re

A híres spanyol omlett kerek és lapos, mint egy palacsinta.
Kényelmesen párosítható kenyérdarabokkal vagy zsemlével és
ropogós zöldsalátával.

15 ml/1 evőkanál vaj, margarin vagy olívaolaj
1 hagyma, finomra vágva
175 g főtt burgonya, kockára vágva
3 tojás

5 ml/1 teáskanál só

30 ml/2 evőkanál hideg víz

Tegye a vajat, a margarint vagy az olajat egy 20 cm átmérőjű mély tálba. Melegítse kiolvasztás közben 30-45 másodpercig. Keverjük össze a hagymát. Fedjük le egy tányérral, és főzzük kiolvasztáson 2 percig. Belekeverjük a burgonyát. Fedjük le, mint korábban, és főzzük teljes erővel 1 percig. Vegye ki a mikrohullámú sütőből. A tojásokat óvatosan felverjük a sóval és a vízzel. Egyenletesen ráöntjük a hagymára és a burgonyára. Fedő nélkül, teljes erővel főzzük 4 és fél percig, egyszer megfordítva az edényt. Hagyjuk állni 1 percig, majd osszuk ketté, és tegyük át minden adagot egy tányérra. Egyél azonnal.

Spanyol omlett vegyes zöldségekkel

2-re

30 ml/2 evőkanál vaj, margarin vagy olívaolaj

1 hagyma, finomra vágva

2 paradicsom meghámozva és apróra vágva

½ kis kaliforniai paprika (zöld vagy piros), apróra vágva

3 tojás

5-7,5 ml/1-1½ teáskanál só

30 ml/2 evőkanál hideg víz

Tegye a vajat, a margarint vagy az olajat egy 20 cm átmérőjű mély tálba. Felolvasztás felett 1 és fél percig melegítjük. Keverjük össze a hagymát, a paradicsomot és az apróra vágott paprikát. Lefedjük egy tányérral, és kiolvasztva 6-7 percig puhára főzzük. A tojásokat óvatosan felverjük a sóval és a vízzel. Egyenletesen ráöntjük a zöldségekre. Fedjük le egy tányérral, és főzzük nagy teljesítményen 5-6 percig, amíg a tojás megszilárdul, majd egyszer fordítsa meg az edényt. Oszd ketté, és tegyél minden részt egy tányérra. Egyél azonnal.

Spanyol omlett sonkával

2-re

Készítsük el úgy, mint a vegyes zöldséges spanyol omlettet, de adjunk a zöldségekhez 4 evőkanál/60 ml durvára vágott spanyol légszárított sonkát és 1-2 gerezd zúzott fokhagymát, és főzzük tovább 30 másodpercig.

Sajtos tojás zellermártásban

4 fő részére

Rövid fogás ebédre vagy vacsorára, kiadós étkezést biztosít a vegetáriánusok számára.

6 nagy kemény tojás (főtt), meghámozva és félbevágva
10 fl oz/300 ml sűrített zellerleves doboz
45 ml/3 evőkanál teljes tej
175 g cheddar sajt, reszelve
30 ml/2 evőkanál finomra vágott petrezselyem
Só és frissen őrölt fekete bors
15 ml / 1 evőkanál pirított zsemlemorzsa
2,5 ml/½ teáskanál paprika

A tojásfeleket egy 20 cm átmérőjű mély tálba rendezzük. Egy külön tálban vagy edényben óvatosan keverje össze a levest és a tejet. Fedő nélkül, teljes erővel 4 percig melegítjük, percenként habverve. Keverje hozzá a sajt felét, és fedő nélkül melegítse magas fokozaton 1-1,5 percig, amíg elolvad. Hozzákeverjük a petrezselymet, ízesítjük, majd ráöntjük a tojásra. Megszórjuk a maradék sajttal, zsemlemorzsával és paprikával. Forró grillsütő alatt (broiler) pirítsuk meg tálalás előtt.

Fu Yung tojás

2-re

5 ml/1 evőkanál vaj, margarin vagy kukoricaolaj
1 hagyma, finomra vágva

30 ml/2 evőkanál főtt borsó

30 ml/2 evőkanál főtt vagy konzerv babcsíra

125 g/4 oz gomba, szeletelve

3 nagy tojás

2,5 ml/½ teáskanál só

30 ml/2 evőkanál hideg víz

5 ml/1 teáskanál szójaszósz

4 újhagyma (zöldhagyma), vékonyra szeletelve

Tegye a vajat, margarint vagy olajat egy 20 cm átmérőjű mély edénybe, és fedő nélkül melegítse 1 percig a Kiolvasztáson. Belekeverjük az apróra vágott hagymát, tányérra borítjuk, és teljes erővel 2 percig főzzük. Keverje hozzá a borsót, a babcsírát és a gombát. Fedjük le, mint korábban, és főzzük teljes erővel 1 és fél percig. Vegye ki a mikrohullámú sütőből és keverje össze. A tojásokat óvatosan felverjük a sóval, a vízzel és a szójaszósszal. Egyenletesen ráöntjük a zöldségekre. Fedő nélkül, teljes erővel főzzük 5 percig, kétszer megfordítva. 1 percig állni hagyjuk. Oszd ketté és tedd mindegyiket egy meleg tányérra. Díszítsük újhagymával és azonnal tálaljuk.

Pizza Omlett

2-re

Eredeti pizza, az alap élesztőtészta helyett lapos omlettből.

15 ml/1 evőkanál olívaolaj

3 nagy tojás

45 ml/3 evőkanál tej

2,5 ml/½ teáskanál só

4 paradicsom, blansírozva, meghámozva és felszeletelve

125 g/4 uncia/1 csésze mozzarella sajt, reszelve

8 db olajos konzerv szardella

8-12 kimagozott fekete olajbogyó (kimagozott)

Tegye az olajat egy 20 cm átmérőjű mély edénybe, és fedő nélkül melegítse 1 percig a Kiolvasztáson. A tojásokat a tejjel és a sóval erőteljesen felverjük. Öntsük az edénybe, és fedjük le egy tányérral. Főzzük teljes erővel 3 percig, miközben a sütés felénél az edény közepe felé mozgatjuk a beállító széleket. Fedje le és főzze teljes erővel további 30 másodpercig. Kenjük meg paradicsommal és sajttal, majd díszítsük szardella és olívabogyóval. Fedő nélkül, teljes erővel 4 percig főzzük, kétszer megfordítva. Oszd ketté és azonnal tálald.

Fújt omlett

2-re

45 ml/3 evőkanál lekvár (tartani)

Porcukor (cukrászáru)

Olvasztott vaj

3 csepp citromlé

3 nagy tojás, szétválasztva

15 ml / 1 evőkanál porcukor (surfin)

Öntse a lekvárt egy kis edénybe vagy csészébe. Fedjük le egy csészealjjal, és melegítsük a Defrost-on 1 és fél percig. Óvatosan vegyük ki a mikrohullámú sütőből, hagyjuk letakarva és tegyük félre. Egy nagy (viaszos) sütőpapírt fedj be szitált porcukorral. Egy 25 cm átmérőjű mély edényt kenjünk ki olvasztott vajjal. Adjuk hozzá a citromlevet a tojásfehérjéhez, és verjük kemény habbá. Adjuk hozzá a porcukrot a tojássárgájához, és verjük sűrű, halvány és krémes állagúra. A felvert fehérjét óvatosan a sárgájához keverjük simára és homogénre. Az elkészített edénybe öntjük. Fedő nélkül, teljes erővel főzzük 3 és fél percig. Fordítsd át a sütőpapírra, Késsel húzz egy vonalat a közepére, és kend meg a meleg lekvárral az omlett felét. Óvatosan félbehajtjuk, két részre vágjuk, és azonnal fogyaszthatjuk.

Puffasztott citromos omlett

2-re

Készítsük el úgy, mint a Soufflé Omlettet, de adjunk hozzá 1 tk/5 ml finomra reszelt citromhéjat a felvert tojássárgájához és a cukorhoz.

Narancsos puffasztott omlett

2-re

Úgy készítsük el, mint a Soufflé Omlettnél, de a felvert tojássárgájához és a cukorhoz adjunk 1 tk/5 ml finomra reszelt narancshéjat.

Puffasztott omlett mandulával és sárgabarackkal

2-re

Készítse el úgy, mint a Soufflé Omlettnél, de adjon hozzá ½ tk/2,5 ml-t. mandula esszencia (kivonat) felvert tojássárgájával és cukorral. Felmelegített krémes baracklekvárral megtöltjük (tartjuk).

Málnás soufflé omlett

2-re

Készítse el úgy, mint a Soufflé Omlettnél, de adjon hozzá ½ tk/2,5 ml-t. vanília esszencia (kivonat) felvert tojássárgájával és cukorral. Díszítsük 45-60 ml/3-4 evőkanál durvára tört málnával, ízlés szerint porcukorral (cukrászati) elkeverve és egy csipetnyi kirsch-szel vagy ginnel.

Epres puffasztott omlett

2-re

Készítse el úgy, mint a Soufflé Omlettnél, de adjon hozzá ½ tk/2,5 ml-t. vanília esszencia (kivonat) felvert tojássárgájával és cukorral. Díszítsük ízlés szerint porcukorral (porcukorral) elkevert 45-60 ml/3-4 evőkanál vékonyra szeletelt eperrel és 15 ml/1 evőkanál csokoládé- vagy narancslikőrrel.

Felfújt omlett körettel

2-re

Készítsük el úgy, mint a szufla omlettet, de ahelyett, hogy az omlettet hajtogatnánk és kettévágnánk, hagyjuk laposan, és vágjuk két részre. Mindegyiket tányérra tesszük, és felmelegített gyümölcskompóttal vagy gyümölcskulisszal díszítjük. Azonnal tálaljuk.

Sült tojás tejszínnel

1-re

Ez a tojáskészítési mód nagyon népszerű Franciaországban, ahol tojásnak és cocotte-nak hívják. Minden bizonnyal kiváló előétel vacsorapartikhoz, de elegáns ebédet is készít belőle pirítóssal vagy keksszel és zöldsalátával. A siker érdekében célszerű egy-egy tojást főzni egy-egy ételben.

1 tojás

Só és frissen őrölt fekete bors

15 ml/1 evőkanál tejszín vagy friss tejszín

5 ml/1 teáskanál nagyon apróra vágott petrezselyem, metélőhagyma vagy koriander (koriander)

Kenjünk meg egy kis ramekint (krémhéjat) vagy egy különálló szuflét olvasztott vajjal vagy margarinnal. Óvatosan törje fel a tojást, és egy nyárssal vagy egy kés hegyével kétszer szúrja ki a sárgáját. Ízlés szerint jól fűszerezzük. Meglocsoljuk tejszínnel és megszórjuk fűszernövényekkel. Fedjük le egy csészealjjal, és főzzük kiolvasztáson 3 percig. Kóstolás előtt 1 percig pihentetjük.

nápolyi sült tojás

1-re

A tejszínes sült tojáshoz hasonlóan elkészítjük, de a tojást 15 ml/1 ek. evőkanál passata (szitált paradicsom) és két apróra vágott fekete olajbogyó vagy kapribogyó.

Sajtos fondü

6 fő részére

A Svájcban született sajtfondü a síelés utáni kedvence az alpesi üdülőhelyeknek vagy bárhol máshol, ahol mély hó van a magas csúcsokon. Ha a kenyeret egy közös, aromás olvasztott sajtot tartalmazó fazékba mártja, az az egyik legbarátságosabb, legszórakoztatóbb és legpihentetőbb módja annak, hogy barátaival együtt étkezzen, és ehhez nincs is jobb konyhai segéd, mint a mikrohullámú sütő. Tálaljuk kis edények Kirsch-szel és csésze forró citromos teával az autentikus hangulat érdekében.

1-2 gerezd fokhagyma meghámozva és félbevágva

175 g/6 uncia/1½ csésze ementáli sajt, reszelve

450 g/1 font/4 csésze Gruyère (svájci) sajt, reszelve

15 ml/1 evőkanál kukoricakeményítő (maizena)

300 ml/½ pt/1¼ csésze Moselle bor

5 ml/1 teáskanál citromlé

30 ml/2 evőkanál Kirsch

Só és frissen őrölt fekete bors

Francia kenyérkocka, mártáshoz

Nyomja a fél fokhagyma levágott oldalát egy 4½-qt./11-cup/2,5 literes üveg- vagy kerámia edény oldalához. Alternatív megoldásként az erősebb íz érdekében a fokhagymát közvetlenül az edényben zúzza össze. Adjuk hozzá a két sajtot, a kukoricakeményítőt, a bort és a citromlevet. Fedő nélkül, teljes erővel főzzük 7-9 percig, négyszer megkeverve, amíg a fondü finoman buborékolni kezd. Vegye ki a mikrohullámú sütőből, és keverje hozzá a Kirsch-et. Ízlés szerint jól fűszerezzük. Tegye az edényt az asztalra, és fogyasszon úgy, hogy egy kocka kenyeret egy hosszú fondüvillára szúr, megforgatja a sajtkeverékben, majd felemeli.

Almabor fondü

6 fő részére

Készítsd el úgy, mint a sajtfondünél, de cseréld ki a bort száraz almaborral, a calvadost pedig a kirsccsel, és tálald mártáshoz piros héjú almakockákat és kenyérkockákat.

Almalé fondü

6 fő részére

Finom ízű, alkoholmentes fondü minden korosztály számára.

Készítsd el úgy, mint a sajtos fondünél, de a bort cseréld ki almalével, és hagyd ki a paprikát. Ha szükséges, hígítsuk fel kevés forró vízzel.

Rózsaszín fondü

6 fő részére

Készítse el ugyanúgy, mint a sajtfondünél, de az ementáli és a svájci (svájci) sajtoknál 1¾ csésze fehér Cheshire sajtot, Lancashire sajtot és Caerphilly sajtot, a fehérbor helyett pedig rozé bort használjon.

Füstölt fondü

6 fő részére

Készítse el ugyanúgy, mint a sajtfondünél, de a Gruyère (svájci) sajt felét cserélje ki 200 g füstölt sajttal. Az ementáli mennyiség változatlan.

Német sörfondü

6 fő részére

Készítsd el úgy, mint a sajtfondünél, de a bort sörrel, a kirsch-t pedig pálinkával helyettesítsd.

Tűz fondü

6 fő részére

Készítsük el úgy, mint a sajtos fondünél, de a kukoricaliszt (maizena) után adjunk hozzá 2-3 piros chilipaprikát kimagozva és nagyon apróra vágva.

Curry fondü

6 fő részére

Készítse el úgy, mint a sajtfondünél, de adjon hozzá 10-15 ml-t/2-3 evőkanál. enyhe curry pasztát a sajtokkal, és a kirsch-t vodkával helyettesítjük. Mártáshoz használjon felmelegített indiai kenyérdarabokat.

Fonduta

4-6 fő részére

A sajtfondü olasz változata, aránytalanul zamatos.

Készítsd el úgy, mint a sajtfondünél, de helyettesítsd a Gruyère-t (svájci) és az ementált olasz Fontina sajttal, olasz száraz fehérborral a Moselle-hoz és marsalát a Kirsch-hez.

Sajt- és paradicsomfondüutánzat

4-6 fő részére

225 g érlelt cheddar sajt, reszelve
125 g/4 uncia/1 csésze Lancashire vagy Wensleydale sajt,
morzsolva
10 fl oz/300 ml konzerv sűrített paradicsomleves
2 tk/10 ml Worcestershire szósz
Egy csipetnyi csípős szósz
45 ml/3 evőkanál száraz sherry
Melegített ciabatta kenyér, tálaláshoz

Tegye a sherry kivételével az összes hozzávalót egy 2,25 literes üveg- vagy edénybe. Fedő nélkül főzzük kiolvasztáson 7-9 percig, háromszor-négyszer megkeverve, amíg a fondü besűrűsödik. Vegyük ki a mikrohullámú sütőből, és keverjük hozzá a sherryt. Meleg ciabatta kenyérszeletekkel fogyasztható.

Sajtos fondü

6 fő részére

A Svájcban született sajtfondü a síelés utáni kedvence az alpesi üdülőhelyeknek vagy bárhol máshol, ahol mély hó van a magas csúcsokon. Ha a kenyeret egy közös, aromás olvasztott sajtot tartalmazó fazékba mártja, az az egyik legbarátságosabb, legszórakoztatóbb és legpihentetőbb módja annak, hogy barátaival együtt étkezzen, és ehhez nincs is jobb konyhai segéd, mint a mikrohullámú sütő. Tálaljuk kis edények Kirsch-szel és csésze forró citromos teával az autentikus hangulat érdekében.

1-2 gerezd fokhagyma meghámozva és félbevágva
175 g/6 uncia/1½ csésze ementáli sajt, reszelve
450 g/1 font/4 csésze Gruyère (svájci) sajt, reszelve
15 ml/1 evőkanál kukoricakeményítő (maizena)
300 ml/½ pt/1¼ csésze Moselle bor
5 ml/1 teáskanál citromlé
30 ml/2 evőkanál Kirsch
Só és frissen őrölt fekete bors
Francia kenyérkocka, mártáshoz

Nyomja a fél fokhagyma levágott oldalát egy 4½-qt./11-cup/2,5 literes üveg- vagy kerámia edény oldalához. Alternatív megoldásként az erősebb íz érdekében a fokhagymát közvetlenül az edényben zúzza össze. Adjuk hozzá a két sajtot, a kukoricakeményítőt, a bort és a citromlevet. Fedő nélkül, teljes erővel főzzük 7-9 percig, négyszer megkeverve, amíg a fondü finoman buborékolni kezd. Vegye ki a mikrohullámú sütőből, és keverje hozzá a Kirsch-et. Ízlés szerint jól fűszerezzük. Tegye az edényt az asztalra, és fogyasszon úgy, hogy egy kocka kenyeret egy hosszú fondüvillára szúr, megforgatja a sajtkeverékben, majd felemeli.

Almabor fondü

6 fő részére

Készítsd el úgy, mint a sajtfondünél, de cseréld ki a bort száraz almaborral, a calvadost pedig a kirsccsel, és tálald mártáshoz piros héjú almakockákat és kenyérkockákat.

Almalé fondü

6 fő részére

Finom ízű, alkoholmentes fondü minden korosztály számára.

Készítsd el úgy, mint a sajtos fondünél, de a bort cseréld ki almalével, és hagyd ki a paprikát. Ha szükséges, hígítsuk fel kevés forró vízzel.

Rózsaszín fondü

6 fő részére

Készítse el ugyanúgy, mint a sajtfondünél, de az ementáli és a svájci (svájci) sajtoknál 1¾ csésze fehér Cheshire sajtot, Lancashire sajtot és Caerphilly sajtot, a fehérbor helyett pedig rozé bort használjon.

Füstölt fondü

6 fő részére

Készítse el ugyanúgy, mint a sajtfondünél, de a Gruyère (svájci) sajt felét cserélje ki 200 g füstölt sajttal. Az ementáli mennyiség változatlan.

Német sörfondü

6 fő részére

Készítsd el úgy, mint a sajtfondünél, de a bort sörrel, a kirsch-t pedig pálinkával helyettesítsd.

Tűz fondü

6 fő részére

Készítsük el úgy, mint a sajtos fondünél, de a kukoricaliszt (maizena) után adjunk hozzá 2-3 piros chilipaprikát kimagozva és nagyon apróra vágva.

Curry fondü

6 fő részére

Készítse el úgy, mint a sajtfondünél, de adjon hozzá 10-15 ml-t/2-3 evőkanál. enyhe curry pasztát a sajtokkal, és a kirsch-t vodkával helyettesítjük. Mártáshoz használjon felmelegített indiai kenyérdarabokat.

Fonduta

4-6 fő részére

A sajtfondü olasz változata, aránytalanul zamatos.

Készítsd el úgy, mint a sajtfondünél, de helyettesítsd a Gruyère-t (svájci) és az ementált olasz Fontina sajttal, olasz száraz fehérborral a Moselle-hoz és marsalát a Kirsch-hez.

Sajt- és paradicsomfondüutánzat

4-6 fő részére

225 g érlelt cheddar sajt, reszelve
125 g/4 uncia/1 csésze Lancashire vagy Wensleydale sajt,
morzsolva
10 fl oz/300 ml konzerv sűrített paradicsomleves
2 tk/10 ml Worcestershire szósz
Egy csipetnyi csípős szósz
45 ml/3 evőkanál száraz sherry
Melegített ciabatta kenyér, tálaláshoz

Tegye a sherry kivételével az összes hozzávalót egy 2,25 literes üveg- vagy edénybe. Fedő nélkül főzzük kiolvasztáson 7-9 percig, háromszor-négyszer megkeverve, amíg a fondü besűrűsödik. Vegyük ki a mikrohullámú sütőből, és keverjük hozzá a sherryt. Meleg ciabatta kenyérszeletekkel fogyasztható.

Sajt- és zellerfondüutánzat

4-6 fő részére

Készítsd el úgy, mint a sajt- és paradicsomfondünél, de a paradicsomlevest cseréld le sűrített zellerlevesre, és sherry helyett ginnel ízesítsd.

Olasz sajt-, tejszín- és tojásfondü

4-6 fő részére

1 gerezd fokhagyma, összetörve

2 oz/50 g/¼ csésze sótlan vaj (lágy), főzési hőmérsékleten

450 g/1 font/4 csésze Fontina sajt, reszelve

60 ml/4 evőkanál kukoricakeményítő (maizena)

300 ml/½ pt/1¼ csésze tej

2,5 ml/½ teáskanál reszelt szerecsendió

Só és frissen őrölt fekete bors

150 ml/¼ pt/2/3 csésze tejszínhab

2 tojás, felvert

Olasz kenyérkockák, tálaláshoz

Tegye a fokhagymát, a vajat, a sajtot, a kukoricakeményítőt, a tejet és a szerecsendiót egy mély, 2,5 literes/4½-qt/11 csésze üveg- vagy kerámiaedénybe. Ízlés szerint fűszerezzük. Fedő nélkül, teljes erővel főzzük 7-9 percig, négyszer megkeverve, amíg a fondü finoman buborékolni kezd. Vegyük ki a mikrohullámú sütőből és keverjük hozzá a tejszínt. Fedő nélkül, teljes erővel főzzük 1 percig. Vegyük ki a mikrohullámú sütőből, és fokozatosan keverjük bele a tojásokat. Olasz kenyérrel tálaljuk mártáshoz.

Farmhouse holland fondü

4-6 fő részére

Puha és sima fondü, elég gyengéd a gyermekek számára.

1 gerezd fokhagyma, összetörve

15 ml/1 evőkanál vaj

450 g/1 font/4 csésze Gouda sajt, reszelve

15 ml/1 evőkanál kukoricakeményítő (maizena)

20 ml/4 teáskanál mustárpor

Egy csipet reszelt szerecsendió

300 ml/½ pt/1¼ csésze teljes tej

Só és frissen őrölt fekete bors

Kenyérkockák, tálaláshoz

Tegye az összes hozzávalót egy mély, 4½-qt/2,5 literes üveg- vagy kerámia edénybe, és ízlés szerint fűszerezze. Fedő nélkül, teljes erővel főzzük 7-9 percig, négyszer megkeverve, amíg a fondü finoman buborékolni kezd. Tegye az edényt az asztalra, és fogyasszon úgy, hogy egy kocka kenyeret egy hosszú fondüvillára szúr, megforgatja a sajtkeverékben, majd felemeli.

Parasztházi fondü rúgással

4-6 fő részére

Készítse el úgy, mint a Dutch Country Fondue-t, de adjon hozzá 30-45 ml-t/2-3 evőkanál. boróka (holland gin) főzés után.

Flamenco stílusú sült tojás

1-re

Olvasztott vaj vagy margarin

1 kis paradicsom, blansírozva, meghámozva és apróra vágva

2 újhagyma (zöldhagyma), apróra vágva

1-2 töltött olajbogyó, szeletelve

5 ml/1 teáskanál olaj

15 ml / 1 evőkanál finomra vágott főtt sonka

1 tojás

Só és frissen őrölt fekete bors

15 ml/1 evőkanál tejszín vagy friss tejszín

5 ml/1 teáskanál nagyon apróra vágott petrezselyem, metélőhagyma

vagy koriander (koriander)

Kenjünk meg egy kis ramekint (krémhéjat) vagy egy különálló
szuflét olvasztott vajjal vagy margarinnal. Adjuk hozzá a
paradicsomot, az újhagymát, az olívát, az olajat és a sonkát. Fedjük
le egy csészealjjal, és melegítsük magas hőmérsékleten 1 percig.

Óvatosan törje fel a tojást, és egy nyárssal vagy egy kés hegyével kétszer szúrja ki a sárgáját. Ízlés szerint jól fűszerezzük. Meglocsoljuk tejszínnel és megszórjuk fűszernövényekkel. Fedjük le, mint korábban, és főzzük kiolvasztáson 3 percig. Kóstolás előtt 1 percig pihentetjük.

Sajtos és petrezselymes puding

4-6 fő részére

4 nagy szelet fehér kenyér
2 oz/¼ csésze/50 g vaj, főzési hőmérsékleten
175 g/6 uncia/1½ csésze narancsos cheddar sajt
45 ml/3 evőkanál apróra vágott petrezselyem
600 ml/1 pt/2½ csésze hideg tej
3 tojás
5 ml/1 teáskanál só
Paprika

A kenyeret megkenjük vajjal, és minden szeletet négy négyzetre vágunk. Jól kivajazunk egy 3 literes/7½ csésze/1,75 literes edényt. A kenyérkockák felét kivajazott oldalukkal felfelé az edény aljára helyezzük. Megszórjuk a sajt kétharmadával és az összes petrezselyemmel. A tetejére helyezzük a többi kenyeret, kivajazott oldalával felfelé. Öntsük a tejet egy kancsóba, és fedő nélkül melegítsük 3 percig. A tojásokat habosra verjük, majd fokozatosan hozzákeverjük a tejet. Keverje hozzá a sót. Óvatosan ráöntjük a kenyérre és a vajra. Megszórjuk a maradék sajttal és megszórjuk paprikával. Fedjük le papírtörlővel, és főzzük kiolvasztáson 30 percig. Hagyja állni 5 percig, majd tálalás előtt süsse meg forró broiler alatt (broiler), ha szükséges.

Kenyér és vajas sajt és petrezselymes puding kesudióval

4-6 fő részére

Készítse el ugyanúgy, mint a kenyér-vajsajt és a petrezselymes puding esetében, de adjon hozzá 45 ml-t/3 evőkanál. evőkanál kesudió pirítva és durvára vágva, sajttal és petrezselyemmel.

Négy sajtos kenyér és vajas puding

4-6 fő részére

Készítse el úgy, mint a kenyér- és vajsajtot és a petrezselymes pudingot, de használjon aprított Cheddar, Edam, Red Leicester és morzsolt Stilton sajtok keverékét. Cserélje ki a petrezselymet négy apróra vágott ecetes hagymával.

4 fő részére

10 fl oz/300 ml konzerv gombaleves

45 ml/3 evőkanál tejszínhab (könnyű)

125 g/4 uncia/1 csésze Red Leicester sajt, reszelve

4 forró, grillezett krumpli

4 frissen buggyantott tojás

Helyezze a levest, a tejszínt és a sajt felét egy 1½ qt/3¾ csésze/900 ml-es tálba. Fedő nélkül melegítse teljes teljesítményen 4-5 percig, amíg forró és sima nem lesz, percenként verve. Helyezzen minden krumplit egy meleg tányérra, és fedje le egy tojással. Kenjük be gombás keverékkel, szórjuk meg a maradék sajttal, és egyenként melegítsük nagy teljesítményen kb. 1 percig, amíg a sajt megolvad és habosodik. Egyél azonnal.

Fejjel lefelé fordított sajt- és paradicsompuding

4 fő részére

225 g/8 uncia/2 csésze magától kelő liszt (magától kelő)

5 ml/1 teáskanál mustárpor

5 ml/1 teáskanál só

125 g/4 uncia/½ csésze vaj vagy margarin

125 g/4 uncia/1 csésze Edam vagy Cheddar sajt, reszelve

2 tojás, felvert

¼ pt/2/3 csésze/150 ml hideg tej

4 nagy paradicsom, blansírozva, meghámozva és apróra vágva

15 ml/1 evőkanál apróra vágott petrezselyem vagy koriander

(koriander)

Kenjünk ki vajjal egy kerek, mély, 1,75 literes/7½ csésze pudingtepsit. A lisztet, a mustárport és a ½ teáskanál/2,5 ml sót egy tálba szitáljuk. Finoman dörzsöljük bele a vajat vagy a margarint, majd keverjük hozzá a sajtot. Keverjük puhára a tojással és a tejjel. Finoman fektessük az előkészített medencébe. Fedő nélkül, teljes erővel főzzük 6 percig. Keverjük össze a paradicsomot a maradék sóval. Tegyük egy sekély tálba, és fedjük le egy tányérral. Vegye ki

a pudingot a sütőből, és óvatosan fordítsa át egy lapos edénybe.
Fedjük le papírtörlővel, és főzzük teljes erővel további 2 percig.
Vegye ki a sütőből, és fedje le egy darab alufóliával, hogy
megtartsa a hőt. Tegye a paradicsomot a mikrohullámú sütőbe, és
melegítse Full-on 3 percig.

Pizza Crisps

4 fő részére

45 ml/3 evőkanál paradicsompüré (tészta)

30 ml/2 evőkanál olívaolaj

1 gerezd fokhagyma, összetörve

4 forró, grillezett krumpli

2 paradicsom, vékonyra szeletelve

6 oz/175 g mozzarella sajt, szeletelve

12 fekete olajbogyó

Keverjük össze a paradicsompürét, az olívaolajat és a fokhagymát,
és kenjük rá a krumplira. Rendezzük a tetejére a
paradicsomszeleteket. Befedjük a sajttal és megszurkáljuk az
olajbogyóval. Egyenként melegítse teljes teljesítményen körülbelül
1-1,5 percig, amíg a sajt el nem kezd olvadni. Egyél azonnal.

Gyömbéres tengeri sügér hagymával

8 fő részére

Kantoni különlegesség és tipikus kínai büfé.

2 tengeri sügér, egyenként 1 font/450 g, tisztítva, de fej nélkül

8 újhagyma (zöldhagyma)

5 ml/1 teáskanál só

2,5 ml/½ teáskanál cukor

1/2,5 cm-es darab friss gyömbérgyökér, meghámozva és apróra

vágva

45 ml/3 evőkanál szójaszósz

Mossa meg a halat kívül-belül. Szárítsa meg nedvszívó papírral. Végezzen három átlós vágást egy éles késsel, körülbelül 1 hüvelyk/2,5 cm távolságban minden hal mindkét oldalán. Helyezze fejét a farok felé egy 30 3 20 cm-es edénybe. A hagymát kimagozzuk, kicsumázzuk, hosszában szálakra vágjuk, és a halra szórjuk. A többi hozzávalót jól összekeverjük és a hal bevonására használjuk. Fedje le az edényt fóliával (műanyag fóliával), és vágja be kétszer, hogy a gőz távozhasson. Főzze teljes erővel 12 percig, az edényt egyszer fordítsa meg. Tegye a halat egy tálra, és kenje meg hagymával és serpenyőben lévő levekkel.

Pisztráng csomagok

2-re

*A profi szakácsok pisztrángnak és papillote-nak hívják. Az
egyszerűen elkészített, finom pisztrángból készült csomagokból okos
halétel lehet.*

*2 nagy tisztított pisztráng, egyenként 1 font/450 g, mosva, de fej
nélkül*

1 vöröshagyma, vastagon szeletelve

1 kis citrom vagy lime, vastagon szeletelve

2 nagy szárított babérlevél, durvára morzsolva

2,5 ml/½ teáskanál Herbes de Provence

5 ml/1 teáskanál só

Készítsen elő két téglalapot sütőpapírból, mindegyik 40 3 35 cm/16
3 14 hüvelyk. A hal üregeibe helyezzük a hagymát és a citrom-
vagy limeszeleteket a babérlevéllel együtt. Tegye át téglalap alakú
sütőpapírra, és szórja meg fűszernövényekkel és sóval. Csomagolja
be mindegyik pisztrángot külön-külön, majd tegye a két csomagot
egy sekély edénybe. Főzzük teljes erővel 14 percig, az edényt
egyszer fordítsuk meg. 2 percig állni hagyjuk. Tegye mindegyiket
egy meleg tányérra, és nyissa ki a csomagokat az asztalnál.

Ragyogó ördöghal finom babbal

4 fő részére

125 g francia (zöld) vagy kenyai bab, vágva és száron

150 ml/¼ pt/2/3 csésze forrásban lévő víz

450 g/1 font ördöghal

15 ml/1 evőkanál kukoricakeményítő (maizena)

1,5–2,5 ml/¼–½ teáskanál kínai ötfűszeres por

45 ml/3 evőkanál közepes rizsbor vagy sherry

5 ml/1 tk palackozott osztrigaszósz

2,5 ml/½ teáskanál szezámolaj

1 gerezd fokhagyma, összetörve

50 ml/2 fl uncia/3½ evőkanál forró víz

15 ml/1 evőkanál szójaszósz

Tojásos tészta, tálaláshoz

A babot félbevágjuk. Helyezze egy 2,5 literes kerek edénybe. Adjunk hozzá forrásban lévő vizet. Fedjük le fóliával (műanyag fóliával), és vágjuk kétszer, hogy a gőz távozhasson. Főzzük teljesen 4 percig. Drain és tartalék. Az ördöghalat megmossuk és vékony csíkokra vágjuk. A kukoricadarát és a fűszerport a rizsborral vagy a sherryvel simára keverjük. Keverjük hozzá a többi hozzávalót. Tegye át abba az edénybe, amelyben a bab főtt. Fedő nélkül, teljes erővel főzzük 1 és fél percig. Keverjük simára, majd keverjük hozzá a babot és az ördöghalat. Fedjük le, mint korábban, és főzzük teljes erővel 4 percig. Hagyjuk állni 2 percig, majd keverjük össze és tálaljuk.

Ragyogó garnélarák mange-touttal

4 fő részére

Ugyanúgy készítse el, mint a finom babos ördöghalat, de cserélje ki a babot mangetoutra (hóborsó), és csak 2,5-3 percig főzzük, mert ropogósnak kell maradniuk. Cserélje ki az ördöghalat héjas garnélarákra (garnélarák).

Normandiai tőkehal almaborral és calvadosszal

4 fő részére

2 oz/¼ csésze/50 g vaj vagy margarin

1 hagyma, nagyon vékonyra szeletelve

3 sárgarépa, nagyon vékonyra szeletelve

2 oz/50 g gomba, vágva és vékonyra szeletelve

4 nagy tőkehalfilé, egyenként körülbelül 8 uncia/225 g

5 ml/1 teáskanál só

150 ml/¼ pt/2/3 csésze almabor

15 ml/1 evőkanál kukoricakeményítő (maizena)

25 ml/1½ evőkanál hideg víz

15 ml / 1 evőkanál calvados

Petrezselyem, díszítésnek

A vaj vagy margarin felét egy 20 cm átmérőjű mély tálba tesszük. Olvadva, fedetlenül, teljes erővel 45-60 másodpercig. Keverjük össze a hagymát, a sárgarépát és a gombát. A halakat egy rétegben helyezzük el a tetején. Megszórjuk sóval. Öntsük az almabort az edénybe, és szórjuk meg a steakeket a maradék vajjal vagy margarinnal. Fedjük le fóliával (műanyag fóliával), és vágjuk kétszer, hogy a gőz távozhasson. Főzzük teljes erővel 8 percig, négyszer megfordítva az edényt. Óvatosan engedje le a főzőlevet, és tegye félre. Óvatosan keverje össze a kukoricakeményítőt a vízzel és a calvadosszal. Adjuk hozzá a hallét. Fedő nélkül főzzük teljes erővel 2-2,5 percig, amíg a szósz besűrűsödik, 30 másodpercenként habverővel. Helyezze a halat egy meleg tálra, és díszítse zöldségekkel. Meglocsoljuk mártással, és petrezselyemmel díszítjük.

Paella hallal

6-8 fő részére

Spanyolország legismertebb rizses étele, a nemzetközi utazásoknak köszönhetően világszerte ismert.

900 g/2 font bőr nélküli lazacfilé, kockára vágva

1 tasak porított sáfrány

60 ml/4 evőkanál forró víz

30 ml/2 evőkanál olívaolaj

2 hagyma, apróra vágva

2 gerezd fokhagyma, összetörve

1 zöld kaliforniai paprika (paprika), kimagozva és durvára vágva

8 oz/1 csésze olasz vagy spanyol rizottó rizs

175 g/6 uncia/1½ csésze fagyasztott vagy friss borsó

600 ml/1 pt/2½ csésze forrásban lévő víz

7,5 ml/1½ teáskanál só

3 paradicsom, blansírozva, meghámozva és negyedelve
75 g/3 uncia/¾ csésze főtt sonka, kockára vágva
125 g/4 uncia/1 csésze héjas garnélarák (garnélarák)
250 g/9 uncia/1 nagy bádogkagyló sós lében
Citromszeletek vagy szeletek, díszítéshez

A lazackockákat egy 25 cm átmérőjű holland sütő széle köré rendezzük úgy, hogy a közepén hagyjunk egy kis mélyedést. Fedje le az edényt fóliával (műanyag fóliával), és vágja be kétszer, hogy a gőz távozhasson. 10-11 percig sütjük kiolvasztva, kétszer megfordítva az edényt, amíg a hal pelyhesnek nem tűnik, és éppen átsült. Lecsepegtetjük, és tartalékoljuk a folyadékot, és tartalékoljuk a lazacot. Mossa meg és szárítsa meg az edényt. Ürítse ki a sáfrányt egy kis tálba, adjon hozzá forró vizet, és áztassa 10 percig. A megtisztított edénybe öntjük az olajat, majd hozzáadjuk a hagymát, a fokhagymát és a zöldpaprikát. Fedő nélkül, teljes erővel főzzük 4 percig. Hozzáadjuk a rizst, a sáfrányt és az áztatóvizet, a borsót, a lazackockát, a lazac folyadékot, forrásban lévő víz és só. Jól, de finoman keverjük össze. Fedjük le, mint korábban, és főzzük teljes erővel 10 percig. 10 percig állni hagyjuk a mikrohullámú sütőben. További 5 percig főzzük teljesen. Fedjük le, és óvatosan keverjük hozzá a paradicsomot és a sonkát. Díszítsük garnélával, kagylóval és citrommal, és tálaljuk.

Víz alatti heringek

4 fő részére

4 hering, egyenként körülbelül 450 g, filézve

2 nagy babérlevél, durvára morzsolva

15 ml/1 evőkanál savanyú fűszerkeverék

2 hagyma, felszeletelve és karikákra vágva

150 ml/¼ pt/2/3 csésze forrásban lévő víz

20 ml/4 tk kristálycukor

10 ml/2 teáskanál só

90 ml/6 evőkanál malátaecet

Vajas kenyér, tálalni

Minden heringfilét tekerjünk a fejtől a farokig, a bőrükkel befelé. Egy 25 cm átmérőjű üreges edény széle köré rendezzük.

Megszórjuk babérlevéllel és fűszerekkel. A heringek közé elrendezzük a hagymakarikákat. A többi hozzávalót jól összekeverjük és a halra öntjük. Fedjük le fóliával (műanyag fóliával), és vágjuk kétszer, hogy a gőz távozhasson. Főzzük teljesen 18 percig. Hagyjuk kihűlni, majd hűtsük le. Hidegen fogyasztható kenyérrel és vajjal.

Kagyló

4 fő részére

Belgium nemzeti étele, mindig sült krumpli körethez tálaljuk.

900 ml/2 pont/5 csésze friss kagyló

15 g/½ oz/l vaj vagy margarin

1 kisebb hagyma, apróra vágva

1 gerezd fokhagyma, összetörve

¼ pt/2/3 csésze/150 ml száraz fehérbor

1 csokor garni tasak

1 szárított babérlevél, morzsolva

7,5 ml/1½ teáskanál só

20 ml/4 tk friss fehér zsemlemorzsa

20 ml/4 tk apróra vágott petrezselyem

Mossa meg a kagylókat folyó hideg víz alatt. Kaparja le a barnákat, majd vágja le a szakállt. Dobja el a repedt héjú vagy nyitott kagylókat; ételmérgezést okozhatnak. Mossa újra. Tegye a vajat vagy a margarint egy mély tálba. Olvadva, fedetlenül, teljes erővel körülbelül 30 másodpercig. Keverjük össze a hagymát és a fokhagymát. Fedjük le egy tányérral, és főzzük teljes erővel 6 percig, kétszer megkeverve. Adjuk hozzá a bort, a bouquet garnit, a babérlevelet, a sót és a kagylót. Óvatosan keverjük össze. Fedjük le, mint korábban, és főzzük teljes erővel 5 percig. Egy lyukas kanál segítségével tegyük át a kagylókat négy mély tálba vagy leveses tányérba. Adjuk hozzá a zsemlemorzsát és a petrezselyem felét a főzőfolyadékhoz, majd ráöntjük a kagylókra. Megszórjuk a maradék petrezselyemmel, és azonnal tálaljuk.

Makréla rebarbara és mazsola szósszal

4 fő részére

A gyönyörű színű édes-savanyú szósz gyönyörűen egyensúlyozza a gazdag makrélát.

350 g bébi rebarbara, durvára vágva

60 ml/4 evőkanál forrásban lévő víz

30 ml / 2 evőkanál mazsola

30 ml/2 evőkanál kristálycukor

2,5 ml/½ teáskanál vanília esszencia (kivonat)

½ kis citrom finomra reszelt héja és leve

4 makréla, megtisztítva, kicsontozva és a fejét eldobva

2 oz/¼ csésze/50 g vaj vagy margarin

Só és frissen őrölt fekete bors

Tegye a rebarbarát és a vizet egy rakott edénybe (holland stewpot).
Fedjük le fóliával (műanyag fóliával), és vágjuk kétszer, hogy a gőz
távozhasson. Főzzük teljes erővel 6 percig, háromszor fordítsuk
meg az edényt. Fedjük le és pürésítsük a rebarbarát. Hozzákeverjük
a mazsolát, a cukrot, a vanília esszenciát és a citromhéjat, majd
félretesszük. A bőr felé nézve hajtsa félbe minden makrélát a fejétől
a farkáig. Tegye a vajat vagy a margarint és a citromlevet egy 20
cm átmérőjű mélytálba. 2 percig alaposan megolvasztjuk. Adjuk
hozzá a halat, és kenjük meg olvasztott hozzávalókkal. Sózzuk,
borsozzuk. Fedjük le fóliával (műanyag fóliával), és vágjuk kétszer,
hogy a gőz távozhasson. Közepes lángon főzzük 14-16 percig, amíg
a hal pelyhessé nem válik. 2 percig állni hagyjuk. A
rebarbaramártást fullon 1 percig melegítjük, és a makrélával
tálaljuk.

Hering almamártással

4 fő részére

Elkészítjük, mint a makrélát rebarbara-mazsolás szósszal, de a vizet helyettesítsük hámozott és kimagozott főzőalmával (pitével). A mazsolát kihagyjuk.

Ponty zselés szószban

4 fő részére

1 nagyon friss ponty megtisztítva és 8 vékony szeletre vágva

30 ml/2 evőkanál malátaecet

3 sárgarépa, vékonyra szeletelve

3 vöröshagyma, vékonyra szeletelve

600 ml/1 pt/2½ csésze forrásban lévő víz

10-15 ml/2-3 teáskanál só

Mossuk meg a pontyot, majd áztassuk 3 órára annyi hideg vízbe, hogy az ecetet ellepje. (Ez eltávolítja a sáros ízt.) Tegye a sárgarépát és a hagymát egy mély, 23 cm átmérőjű edénybe forrásban lévő vízzel és sóval. Fedjük le fóliával (műanyag fóliával), és vágjuk kétszer, hogy a gőz távozhasson. Főzzük teljes erővel 20 percig, négyszer megfordítva az edényt. Lecsepegtetjük, lefőzzük a folyadékot. (A zöldségeket máshol is használhatjuk halászlében vagy rántva.) Öntsük vissza a folyadékot az edénybe. Adja hozzá a pontyot egy rétegben. Fedjük le, mint korábban, és főzzük teljes erővel 8 percig, kétszer megfordítva az edényt. 3 percig állni hagyjuk. Egy szelet hal segítségével, tedd át a pontyot egy sekély edénybe. Fedjük le és hűtsük le. Öntse a folyadékot egy kancsóba, és hűtse le, amíg kissé zselés lesz. A zselét a halra öntjük és tálaljuk.

Sárgabarack Rollmops

4 fő részére

75 g/3 uncia szárított sárgabarack
150 ml/¼ pt/2/3 csésze hideg víz
3 rollmops vásárolt szeletelt hagymával
150 g/5 oz/2/3 csésze friss tejszín
Vegyes saláta levelek
Ropogós kenyér

A sárgabarackot megmossuk és apró kockákra vágjuk. Tedd egy tálba hideg vízzel. Fedjük le egy felfordított tányérral, és melegítsük magas hőmérsékleten 5 percig. 5 percig állni hagyjuk. Csatorna.

Vágja a rollmops csíkokra. Hozzáadjuk a sárgabarackhoz a hagymával és a crème fraîche-al. Jól összekeverni. Fedjük le, és hagyjuk pácolódni a hűtőszekrényben 4-5 órán át. Tálaljuk salátaleveleken kétszersülttel.

Orvvadászott kipper

1-re

A mikrohullámú sütő megakadályozza a házat átható szagot, és lédússá és gyengéddé teszi a kippert.

1 nagy festetlen kipper, körülbelül 450 g/1 font
120 ml/4 fl uncia/½ csésze hideg víz
Vaj vagy margarin

Vágja le a heringet, dobja el a farkát. Áztassa 3-4 órán át többször hideg vízben a sótartalom csökkentése érdekében, ha szükséges, majd csepegtesse le. Tegyük egy nagy, sekély edénybe vízzel.

Fedjük le fóliával (műanyag fóliával), és vágjuk kétszer, hogy a gőz távozhasson. Főzzük teljesen 4 percig. Tálaljuk főzőlapon egy gombóc vajjal vagy margarinnal.

Madras garnélarák

4 fő részére

25 g / 1 uncia / 2 evőkanál ghí vagy 15 ml / 1 evőkanál

földimogyoró-olaj

2 hagyma, apróra vágva

2 gerezd fokhagyma, összetörve

15 ml/1 evőkanál erős curry por

5 ml/1 teáskanál őrölt kömény

5 ml/1 teáskanál garam masala

1 kis lime leve

Tegye a ghít vagy olajat egy 20 cm átmérőjű mély edénybe. Fedő nélkül, teljes teljesítménnyel 1 percig melegítjük. A hagymát és a fokhagymát jól összekeverjük. Fedő nélkül, teljes erővel főzzük 3 percig. Adjuk hozzá a curryport, a köményt, a garam masala-t és a lime levét. Fedő nélkül, teljes erővel 3 percig főzzük, kétszer megkeverve. Adjuk hozzá a húslevest, a paradicsompürét és a mazsolát. Fedjük le egy felfordított tányérral, és főzzük teljes erővel 5 percig. Ha szükséges, csepegtessük le a garnélarákot, majd adjuk hozzá az edényhez és keverjük össze. Fedő nélkül, teljes erővel főzzük 1 és fél percig. Rizzsel és popadomokkal tálaljuk.

4 fő részére

25 g/1 uncia/2 evőkanál vaj vagy margarin

4 medvehagyma meghámozva és felaprítva

100 g/3½ uncia/1 csésze főtt sonka, csíkokra vágva

400 g/14 oz gomba, vékonyra szeletelve

20 ml/4 teáskanál kukoricakeményítő (maizena)

20 ml/4 teáskanál hideg tej

250 ml/8 oz/1 csésze csirkeleves

150 g/¼ pt/2/3 csésze folyékony tejszín (könnyű)

2,5 ml/½ teáskanál porcukor (surfin)

1,5 ml/¼ teáskanál kurkuma

10 ml/2 teáskanál martini bianco

Ízesítsük a halat sóval, borssal. Pácold citromlében és Worcestershire szószban 15-20 percig. Olvasszuk fel a vajat vagy a margarint egy serpenyőben (serpenyőben). Hozzáadjuk a medvehagymát, és óvatosan puhára és félig átlátszóra pároljuk. Adjuk hozzá a sonkát és a gombát, és pirítsuk 7 percig. A kukoricakeményítőt a hideg tejjel simára keverjük, majd hozzáadjuk a többi hozzávalót. A sima lepényhal filét feltekerjük és koktélcsákányokkal (fogpiszkálóval) megszurkáljuk. 20 cm átmérőjű mély tálba rendezzük. Bekenjük gombás keverékkel. Fedjük le fóliával (műanyag fóliával), és vágjuk kétszer, hogy a gőz távozhasson. Főzzük teljesen 10 percig.

Kagylópörkölt dióval

4 fő részére

30 ml/2 evőkanál olívaolaj

1 hagyma, meghámozva és apróra vágva

2 sárgarépa, meghámozva és apróra vágva

3 zellerszár, vékony csíkokra vágva

1 piros kaliforniai paprika (paprika), kimagozva és csíkokra vágva

1 zöld kaliforniai paprika (paprika), kimagozva és csíkokra vágva

1 kis cukkini, felszeletelve és vékonyra szeletelve

8 fl oz/1 csésze rozé bor

1 csokor garni tasak

11 fl oz/1 1/3 csésze zöldség- vagy halalaplé

400 g/14 oz/1 nagy konzervdobozra vágott paradicsom

125 g/4 uncia tintahal karikák

125 g héjas kagyló, főzve

200 g lepényhal vagy sima lepényhal filé, kockákra vágva

4 jumbo garnélarák (óriásrák), főzve

2 oz/½ csésze/50 g dió, durvára vágva

30 ml/2 evőkanál kimagozott fekete olajbogyó (kimagozott)

10 ml/2 teáskanál gin

½ kis citrom leve

2,5 ml/½ teáskanál kristálycukor

1 pálcika

30 ml/2 evőkanál durvára vágott bazsalikomlevél

Öntsön olajat egy 4½ qt/11 csésze/2,5 literes edénybe. Melegítse, fedő nélkül, teljes teljesítményen 2 percig. Hozzáadjuk az előkészített zöldségeket, és az olajon megforgatjuk. Fedjük le fóliával (műanyag fóliával), és vágjuk kétszer, hogy a gőz távozhasson. Főzzük teljesen 5 percig. Adjuk hozzá a bort és a bouquet garnit. Fedjük le, mint korábban, és főzzük teljes erővel 5 percig. Adjuk hozzá a húslevest, a paradicsomot és a halat. Fedjük le és főzzük teljes erővel 10 percig. A bazsalikom kivételével az összes többi hozzávalót összekeverjük. Fedjük le és főzzük teljesen 4 percig. Megszórjuk bazsalikommal és forrón tálaljuk.

Tőkehal pörkölt

4 fő részére

25 g/1 uncia/2 evőkanál vaj vagy margarin

1 hagyma, meghámozva és apróra vágva

2 sárgarépa, meghámozva és apróra vágva

2 zellerszár, vékonyra szeletelve

2/3 csésze/¼ pt/150 ml félszáraz fehérbor

400 g/14 oz bőr nélküli tőkehalfilé, nagy kockákra vágva

15 ml/1 evőkanál kukoricakeményítő (maizena)

75 ml/5 evőkanál hideg tej

12 fl oz/1½ csésze hal- vagy zöldségalaplé

Só és frissen őrölt fekete bors

75 ml/5 evőkanál apróra vágott kapor (kapor)

½ teáskanál/1¼ csésze/300 ml dupla tejszín (sűrű), enyhén felverve

2 tojássárgája

Tegye a vajat vagy a margarint egy 20 cm átmérőjű rakott edénybe (holland stewpot). Melegítse, fedő nélkül, teljes teljesítményen 2 percig. Keverjük össze a zöldségeket és a bort. Fedjük le fóliával (műanyag fóliával), és vágjuk kétszer, hogy a gőz távozhasson. Főzzük teljesen 5 percig. 3 percig állni hagyjuk. Leleplezni. Adjuk hozzá a halat a zöldségekhez. A kukoricakeményítőt a hideg tejjel simára keverjük, majd a húslevessel a rakotthoz adjuk. Évad. Fedjük le, mint korábban, és főzzük teljes erővel 8 percig. Adjuk hozzá a kaprot. A tejszínt alaposan elkeverjük a tojássárgájával, és a tepsibe öntjük. Fedjük le és főzzük teljes erővel 1 és fél percig.

Füstölt tőkehal pörkölt

4 fő részére

Készítsük el úgy, mint a tőkehal edényt, de a füstölt tőkehalfilét cseréljük ki frissre.

Ördöghal arany citrom krémmel

6 fő részére

300 ml/½ pt/1¼ csésze teljes tej

25 g/1 uncia/2 evőkanál vaj vagy margarin, főzési hőmérsékleten

675 g/1½ font ördögfilé, falatnyi darabokra vágva

45 ml/3 evőkanál sima liszt (minden célra)

2 nagy tojássárgája

1 nagy citrom leve

2,5–5 ml/½ –1 teáskanál só

2,5 ml/½ teáskanál finomra vágott tárkony

Sült vol-au-vent tokok vagy pirított ciabatta kenyérszeletek

Öntsük a tejet egy kancsóba, és fedő nélkül melegítsük 2 percig.

Tegye a vajat vagy a margarint egy 20 cm átmérőjű mélytálba.

Felolvasztjuk, fedő nélkül, 1,5 percig felolvasztva. A haldarabokat

bekenjük lisztbe, és hozzáadjuk az edényben lévő vajhoz vagy

margarinhoz. Lassan öntsük hozzá a tejet. Fedjük le fóliával

(műanyag fóliával), és vágjuk kétszer, hogy a gőz távozhasson.

Főzzük teljesen 7 percig. A tojássárgáját, a citromlevet és a sót

habosra keverjük, és a halhoz keverjük. Fedő nélkül, teljes erővel

főzzük 2 percig. 5 percig állni hagyjuk. Keverjük meg, szórjuk meg

tárkonnyal, és tálaljuk vol-au-vent tokban vagy pirított ciabatta

szeletekkel.

Talp krémes arany citromszószban

6 fő részére

Arany citromkrémmel elkészítjük, mint az ördöghalat, de az ördöghal darabokat csíkokra vágott nyelvpel helyettesítjük.

Lazac hollandi szósz

4 fő részére

4 lazacfilé, egyenként 175–200 g/6–7 uncia

150 ml/¼ pt víz/2/3 csésze víz vagy száraz fehérbor

2,5 ml/½ teáskanál só

Hollandi szósz

A steakeket egy 20 cm átmérőjű mélytál oldalára helyezzük. Adjunk hozzá vizet vagy bort. A halat megszórjuk sóval. Fedjük le fóliával (műanyag fóliával), és vágjuk kétszer, hogy a gőz távozhasson. Süssük kiolvasztáson (hogy a lazac ne köpjön ki) 16-18 percig. 4 percig állni hagyjuk. Távolítsa el négy meleg tányérra egy szelet hallal, és engedje le a folyadékot. Mindegyiket megkenjük hollandi szósszal.

4 fő részére

Készítsük el úgy, mint a lazacos hollandi szószt, de adjunk hozzá 2 evőkanál/30 ml apróra vágott koriandert (koriandert), amint megfőtt. A nagyobb íz érdekében keverjen össze 10 ml/2 evőkanál. apróra vágott citromfű.

6 fő részére

900 g/2 font friss lazacfilé, bőr nélkül

Só és frissen őrölt fekete bors

olvasztott vaj vagy margarin (elhagyható)

2 oz/½ csésze 50 g szeletelt mandula (szeletelve), pirított

1 kis hagyma, apróra vágva

30 ml/2 evőkanál finomra vágott petrezselyem

5 ml/1 tk apróra vágott tárkony

200 ml/7 uncia/alig 1 csésze francia majonéz

saláta levelek

Édeskömény spray, díszítéshez

A lazacot négy részre osztjuk. Egy 25 cm átmérőjű üreges edény széle köré rendezzük. Sózzuk, borsozzuk, és ízlés szerint kevés olvasztott vajat vagy margarint csorgatunk a tetejére. Fedjük le fóliával (műanyag fóliával), és vágjuk kétszer, hogy a gőz távozhasson. 20 percig olvasztott helyen sütjük. Hagyjuk kihűlni, majd két villával morzsoljuk össze a halat. Tegyük át egy tálba, adjuk hozzá a mandula felét és a hagymát, a petrezselymet és a tárkonyt. Óvatosan keverje hozzá a majonézt, amíg jól el nem keveredik és nedves lesz. Egy hosszú tálat kibélelünk

salátalevelekkel. Rendezzünk egy sort lazac majonézből a tetejére.
Megszórjuk a maradék mandulával, és édesköménnyel díszítjük.

mediterrán sült lazac

6-8 fő részére

1,5 kg közepesen vágott lazac

60 ml/4 evőkanál olívaolaj

60 ml/4 evőkanál citromlé

60 ml/4 evőkanál paradicsompüré (tészta)

15 ml / 1 evőkanál apróra vágott bazsalikomlevél

7,5 ml/1½ teáskanál só

45 ml/3 ek kis kapribogyó, lecsepegtetve

45 ml/3 evőkanál apróra vágott petrezselyem

Mossa meg a lazacot, ügyelve arra, hogy az összes pikkelyt
lekaparja. 20 cm átmérőjű mély edénybe tesszük. A többi
hozzávalót összekeverjük, és a halra öntjük. Tányérral letakarjuk, és
a hűtőben 3 órára pácoljuk. Fedjük le fóliával (műanyag fóliával),
és vágjuk kétszer, hogy a gőz távozhasson. Főzzük teljes erővel 20
percig, kétszer megfordítva az edényt. A tálaláshoz adagokra
osztva.

Curried Kedgeree

4 fő részére

Egykor reggeli étel volt, különösen a századforduló körüli indiai gyarmati időkhöz kapcsolódva, ma már gyakrabban szolgálják fel ebédre a kedgeree-t.

350 g/12 oz foltos tőkehal filé vagy füstölt tőkehal

60 ml/4 evőkanál hideg víz

2 oz/¼ csésze/50 g vaj vagy margarin

225 g/8 uncia/1 csésze basmati rizs

15 ml/1 evőkanál enyhe curry por

600 ml/1 pt/2½ csésze forrásban lévő víz

3 kemény tojás (főtt)

150 ml/¼ pt/2/3 csésze folyékony tejszín (könnyű)

15 ml / 1 evőkanál apróra vágott petrezselyem

Só és frissen őrölt fekete bors

Petrezselyem ágak, díszítéshez

Tegye a halat egy mély tányérba hideg vízzel. Fedjük le fóliával (műanyag fóliával), és vágjuk kétszer, hogy a gőz távozhasson. Főzzük teljesen 5 percig. Csatorna. A húst két villával morzsoljuk össze, eltávolítjuk a bőrt és a csontokat. Helyezze a vajat vagy a margarint egy 1,75 literes kerek, hőálló tálba, és olvassa fel a Kiolvasztáson 1,5-2 percig. Hozzákeverjük a rizst, a curryport és a forrásban lévő vizet. Fedjük le, mint korábban, és főzzük teljes erővel 15 percig. A tojásból kettőt feldarabolunk, és a hallal, tejszínnel és petrezselyemmel az edénybe keverjük, ízlés szerint ízesítjük. Kerek villával fedjük le egy fordított tepsivel, és Full-on melegítsük 5 percig. A maradék tojást felszeleteljük.

Füstölt lazac kedgeree

4 fő részére

Készítse el ugyanúgy, mint a Curried Kedgeree-nél, de helyettesítse a foltos tőkehalat vagy a füstölt tőkehalat 225 g füstölt lazaccal (lox), csíkokra vágva. A füstölt lazacot nem kell előfőzni.

Füstölt hal quiche

6 fő részére

175 g/6 uncia omlós tészta (alap pitehéj)

1 tojássárgája, felvert

4 oz/125 g füstölt hal, például makréla, foltos tőkehal, tőkehal vagy

pisztráng, főzve és morzsolva

3 tojás

¼ pt/2/3 csésze/150 ml tejföl (tejtermék)

30 ml/2 evőkanál majonéz

Só és frissen őrölt fekete bors

75 g/3 uncia/¾ csésze cheddar sajt, reszelve

Paprika

Kevert saláta

Enyhén kivajazunk egy 20 cm átmérőjű, hullámos üveg vagy porcelán lapos formát. Nyújtsuk ki a tésztát, és ezzel béleljük ki a kivajazott edényt. Öltsd jól az egészet, különösen ott, ahol az oldal találkozik az alappal. Fedő nélkül, 6 percig főzzük, kétszer megfordítva az edényt. Ha dudorok jelennek meg, ujjaival sütőkesztyűvel védve nyomja le. A pitehéj belsejét (pitehéjat) megkenjük tojássárgájával. Főzzük teljes erővel 1 percig, hogy lezárjuk a lyukakat. Vegye ki a sütőből. Az alját befedjük a hallal. A tojásokat felverjük a tejszínnel és a majonézzel, ízlés szerint fűszerezzük. Öntsük a quiche-be, és szórjuk meg sajttal és paprikával. Fedő nélkül, teljes erővel főzzük **8** percig. Forrón, salátával tálaljuk.

Louisiana Shrimp Gumbo

8 fő részére

3 hagyma, apróra vágva

2 gerezd fokhagyma

3 zellerszár, apróra vágva

1 zöld kaliforniai paprika (paprika), kimagozva és apróra vágva

50g/2oz/¼ csésze vaj

60 ml/4 evőkanál sima liszt (minden célra)

900 ml / 1½ qt / 3¾ csésze forró zöldség- vagy csirkealaplé

12 uncia/350 g okra (női ujjak), nyírva és szárral

15 ml/1 evőkanál só

10 ml/2 teáskanál őrölt koriander (koriander)

5 ml/1 teáskanál kurkuma

2,5 ml/½ teáskanál. őrölt szegfűbors

30 ml/2 evőkanál citromlé

2 babérlevél

5-10 ml/1-2 tk Tabasco szósz

450 g/1 font/4 csésze héjas garnélarák (garnélarák), felengedve, ha fagyasztott

350 g/12 uncia/1½ csésze hosszú szemű rizs, főtt

Helyezze a hagymát egy 2,5 literes/4½-qt./11 csésze tálba. A tetejére törjük a fokhagymát. Adjuk hozzá a zellert és a zöldpaprikát. Olvasszuk fel a vajat Full-on 2 percig. Belekeverjük a lisztet. Fedő nélkül, teljes erővel 5-7 percig főzzük, négyszer megkeverve, és óvatosan figyelve, hogy megégett-e, amíg a keverék világos keksz színű roux nem lesz. Fokozatosan adjuk hozzá a levest. Félretesz. Vágja fel az okrát darabokra, és adja hozzá a zöldségekhez a többi hozzávalóval együtt, kivéve a Tabascót és a garnélarákot, de a roux keveréket is. Fedjük le fóliával (műanyag fóliával), és vágjuk kétszer, hogy a gőz távozhasson. Főzzük teljesen 25 percig. 5 percig állni hagyjuk. Keverje hozzá a Tabascót és a garnélarákot. Merőkanálba öntjük felmelegített mély tálakba, és mindegyikbe adjunk egy halom frissen főtt rizst. Egyél azonnal.

Ördöghal okra

8 fő részére

Készítse el úgy, mint a Louisiana Prawn Gumbo-t, de a garnélarákot (garnélarák) helyettesítse ugyanolyan súlyú csont nélküli ördöghalral, csíkokra vágva. Fedjük le fóliával (műanyag fóliával), és főzzük teljes erővel 4 percig, mielőtt tálalótálakba helyeznénk.

Vegyes hal gumbo

8 fő részére

Készítsünk úgy, mint a Louisiana Prawn Gumbo esetében, de helyettesítsük a garnélarákot (garnélarákot) válogatott kockára vágott halfilékkel.

Pisztráng mandulával

4 fő részére

50g/2oz/¼ csésze vaj

15 ml / 1 evőkanál citromlé

4 közepes pisztráng

2 oz/½ csésze 50 g szeletelt mandula (szeletelve), pirított

Só és frissen őrölt fekete bors

4 szelet citrom

petrezselyem ágak

Olvasszuk fel a vajat 1 és fél perces kiolvasztással. Belekeverjük a citromlevet. Tegye a pisztrángot fejtől farkáig egy kivajazott 25 3 20 cm-es edénybe. Kenjük meg a halat vajas keverékkel, és szórjuk meg mandulával és fűszerekkel. Fedjük le fóliával (műanyag fóliával), és vágjuk kétszer, hogy a gőz távozhasson. Főzze teljes erővel 9-12 percig, kétszer megfordítva az edényt. 5 percig állni hagyjuk. Tegyük át négy felmelegített tányérra. Felöntjük a főzőlével, és citromkarikákkal és petrezselyem ágakkal díszítjük.

Provence-i garnélarák

4 fő részére

225 g/8 uncia/1 csésze könnyen főzhető hosszú szemű rizs
1 adag/2½ csésze/600 ml forró hal- vagy csirkealaplé
5 ml/1 teáskanál só
15 ml/1 evőkanál olívaolaj
1 hagyma, lereszelve
1-2 gerezd fokhagyma, összetörve

6 nagy, nagyon érett paradicsom, blansírozva, meghámozva és

apróra vágva

15 ml / 1 evőkanál apróra vágott bazsalikomlevél

5 ml/1 teáskanál sötétbarna cukor

450 g/1 font/4 csésze fagyasztott hámozott garnélarák (garnélarák),

kiolvasztatlan

Só és frissen őrölt fekete bors

Vágott petrezselyem

Helyezze a rizst egy 2 literes/3½-qt./8½ csésze edénybe. Forró levest és sót keverünk hozzá. Fedjük le fóliával (műanyag fóliával), és vágjuk kétszer, hogy a gőz távozhasson. Főzzük teljesen 16 percig. Hagyja állni 8 percig, hogy a rizs magába szívja az összes nedvességet. Öntsön olajat egy 1,75 literes tálba. Fedő nélkül, teljes teljesítménnyel 1 és fél percig melegítjük. Keverje hozzá a hagymát és a fokhagymát. Fedő nélkül, teljes erővel 3 percig főzzük, kétszer megkeverve. Hozzáadjuk a paradicsomot a bazsalikommal és a cukorral. Fedjük le egy tányérral, és főzzük teljes erővel 5 percig, kétszer megkeverve. Keverje össze a fagyasztott garnélarákot és a fűszereket ízlés szerint. Fedjük le, mint korábban, és főzzük teljes erővel 4 percig, majd óvatosan válasszuk szét a garnélarákokat. Fedjük le és főzzük teljes erővel további 3 percig. Maradni engedélyezett. Fedjük le a rizst egy tányérral, és melegítsük újra kiolvasztás üzemmódban 5-6 percig. Osszuk négy meleg tányérra, és öntsük rá a hal-paradicsom keveréket. Megszórjuk petrezselyemmel és forrón tálaljuk.

Pelényhal zellermártásban, pirított mandulával

4 fő részére

8 db sima lepényhal filé, teljes tömege kb. 1 kg/2 ¼ font

10 fl oz/300 ml sűrített zellerkrém

150 m/¼ pt/2/3 csésze forrásban lévő víz

15 ml / 1 evőkanál finomra vágott petrezselyem

30 ml/2 evőkanál reszelt mandula (szeletelt), pirított

Tekerjük fel a halfiléket fejtől farokig, bőrükkel befelé. Egy mély, kivajazott, 25 cm átmérőjű edény széle köré rendezzük. A levest és a vizet óvatosan habosra keverjük, majd petrezselymet keverünk bele. Ráöntjük a halra. Fedje le az edényt fóliával (műanyag fóliával), és vágja be kétszer, hogy a gőz távozhasson. Főzzük teljes erővel 12 percig, kétszer megfordítva az edényt. 5 percig állni hagyjuk. További 6 percig főzzük teljesen. Meleg tányérokra helyezzük, és mandulával megszórva tálaljuk.

Filé paradicsomszószban majoránnával

4 fő részére

Készítsd el úgy, mint a sima lepényhalat pirított mandulával zellermártásban, de a zellert sűrített paradicsomlevessel és ½ tk. teáskanál szárított majoránna petrezselyemmel.

Filé gomba és vízitorma szószban

4 fő részére

Készítse el úgy, mint a zellerszószban pirított mandulával készült lepényhalat, de a sűrített gombalevest helyettesítse zellerrel és 2 evőkanál. apróra vágott vízitorma a petrezselyemhez.

Darált tőkehal buggyantott tojással

4 fő részére

Ezt egy 19. századi, kézzel írott jegyzetfüzetben találták, amely egy régi barátja nagymamájáé volt.

675 g/1½ font bőr nélküli tőkehalfilé

10 ml/2 teáskanál olvasztott vaj vagy margarin vagy napraforgóolaj

Paprika

Só és frissen őrölt fekete bors

2 oz/¼ csésze/50 g vaj vagy margarin

8 nagy újhagyma (zöldhagyma), vágva és apróra vágva

350 g/12 oz hideg főtt burgonya, kockára vágva

150 ml/¼ pt/2/3 csésze folyékony tejszín (könnyű)

5 ml/1 teáskanál só

4 tojás

6 fl oz/¾ csésze forró víz

5 ml/1 teáskanál ecet

Rendezzük a halat egy mély edénybe. Megkenjük egy kevés olvasztott vajjal vagy margarinnal vagy olajjal. Ízesítjük fűszerpaprikával, sóval, borssal. Fedjük le fóliával (műanyag fóliával), és vágjuk kétszer, hogy a gőz távozhasson. Kiolvasztott állapotban 14-16 percig sütjük. A halat két villával pelyhesítjük, a csontokat eltávolítjuk. A maradék vajat, margarint vagy olajat egy 20 cm átmérőjű rakott edénybe (holland stewpot) tesszük. Fedő nélkül melegítse 1½-2 percig Kiolvasztás üzemmódban. Keverjük össze a hagymát. Fedjük le egy tányérral, és főzzük teljes erővel 5 percig. Keverjük hozzá a halat a burgonyával, a tejszínnel és a sóval. Fedjük le, mint korábban, és melegítsük teljes erővel 5-7 percig, amíg a cső felforrósodik, egyszer-kétszer megkeverve. Tartsd melegen. A tojások buggyantásához óvatosan törjünk kettőt egy kis edénybe, és adjuk hozzá a víz felét és az ecet felét. A sárgáját egy kés hegyével szúrjuk ki. Fedjük le egy tányérral, és főzzük teljes erővel 2 percig. 1 percig állni hagyjuk. Ismételje meg a maradék tojással, forró vízzel és ecettel. Osszuk el a hash részeit négy meleg tányérra, és kenjük meg mindegyik tetejét egy tojással. forró víz és ecet. Osszuk el a hash részeit négy meleg tányérra, és kenjük meg mindegyik tetejét egy tojással. forró víz és ecet. Osszuk el a hash részeit négy meleg tányérra, és kenjük meg mindegyik tetejét egy tojással.

Foltos tőkehal és zöldség almabor szószban

4 fő részére

2 oz/¼ csésze/50 g vaj vagy margarin

1 hagyma vékonyra szeletelve és karikákra vágva

3 sárgarépa, vékonyra szeletelve

2 oz/50 g gomba, szeletelve

4 db bőr nélküli foltos tőkehal filé vagy más fehér hal

5 ml/1 teáskanál só

150 ml/¼ pt/2/3 csésze félédes almabor

10 ml/2 tk kukoricakeményítő (maizena)

15 ml/1 evőkanál hideg víz

A vaj vagy margarin felét egy 20 cm átmérőjű mély tálba tesszük. Felolvasztjuk, fedetlenül, felolvasztással körülbelül 1,5 percig. Adjuk hozzá a hagymát, a sárgarépát és a gombát. Helyezze rá a halat. Megszórjuk sóval. Óvatosan öntse rá az almabort a halra.

Megszórjuk a maradék vajjal vagy margarinnal. Fedjük le fóliával (műanyag fóliával), és vágjuk kétszer, hogy a gőz távozhasson. Főzzük teljesen 8 percig. Egy üvegkancsóban óvatosan elkeverjük a kukoricalisztet a hideg vízzel, és óvatosan leszűrjük a hallikőrt. Főzzük fedő nélkül, teljes erővel 2 és fél percig, amíg besűrűsödik, percenként kavarva. Ráöntjük a halra és a zöldségekre. Meleg tányérokba öntjük és azonnal fogyaszthatjuk.

Tengerparti pite

4 fő részére

Díszítéshez:

700 g/1½ font lisztes burgonya, hámozatlan tömeg

75 ml/5 evőkanál forrásban lévő víz

15 ml/1 evőkanál vaj vagy margarin

75 ml/5 evőkanál tej vagy (könnyű) tejszín

Só és frissen őrölt bors

reszelt szerecsendió

A szószhoz:

300 ml/½ pt/1¼ csésze hideg tej

30 ml/2 evőkanál vaj vagy margarin

20 ml/4 tk sima liszt (minden célra)

75 ml/5 evőkanál. evőkanál Red Leicester vagy színes Cheddar sajt,
reszelve

5 ml / 1 teáskanál teljes kiőrlésű mustár
5 ml/1 teáskanál Worcestershire szósz

A halkeverékhez:

450 g/1 font bőr nélküli fehér halfilé, főzési hőmérsékleten
Olvasztott vaj vagy margarin
Paprika
60 ml/4 tk evőkanál Red Leicester vagy színes Cheddar sajt,
reszelve

A töltelék elkészítéséhez a burgonyát megmossuk, meghámozzuk, és nagy kockákra vágjuk. Tegye 2½ qt/6 csésze/1,5 literes edénybe forrásban lévő vízzel. Fedjük le fóliával (műanyag fóliával), és vágjuk kétszer, hogy a gőz távozhasson. Főzzük teljes erővel 15 percig, kétszer megfordítva az edényt. 5 percig állni hagyjuk. Lecsepegtetjük, és óvatosan pépesítjük vajjal vagy margarinnal és tejjel vagy tejszínnel, habosra verjük. Ízlés szerint sóval, borssal és szerecsendióval ízesítjük.

A szósz elkészítéséhez melegítse a tejet fedő nélkül teljes teljesítményen 1 és fél percig. Félretesz. A vajat vagy a margarint fedő nélkül olvasszuk fel 1-1,5 percig a Kiolvasztással. Belekeverjük a lisztet. Fedő nélkül, teljes teljesítményen főzzük 30 másodpercig. Fokozatosan adjuk hozzá a tejet. Körülbelül 4 percig főzzük teljes erővel, percenként verve a simaság érdekében, amíg a szósz besűrűsödik. Belekeverjük a sajtot a szósz többi hozzávalójával.

A halkeverék elkészítéséhez a filéket egy sekély edénybe rendezzük, és megkenjük olvasztott vajjal vagy margarinnal. Ízesítjük fűszerpaprikával, sóval, borssal. Fedjük le fóliával (műanyag fóliával), és vágjuk kétszer, hogy a gőz távozhasson. Főzzük teljesen 5-6 percig. A halat két villával pelyhesítjük, a csontokat eltávolítjuk. Tegyük át egy kivajazott, 3 literes/7½ csésze/1,75 literes edénybe. Keverjük össze a szósszal. Fedjük be burgonyával, és szórjuk meg sajttal és további fűszerpaprikával. Melegítse újra, fedetlenül, teljes teljesítményen 6-7 percig.

Füstölt hal köret

2-re

2 adag fagyasztott füstölt foltos tőkehal, egyenként 175 g/6 uncia
Frissen őrölt fekete bors
1 kis cukkini, szeletelve
1 kis hagyma, vékonyra szeletelve

2 paradicsom, blansírozva, meghámozva és apróra vágva

½ piros kaliforniai paprika (paprika), kimagozva és csíkokra vágva

15 ml / 1 evőkanál apróra vágott metélőhagyma

A halat 18 cm átmérőjű mély edénybe helyezzük. Borssal ízesítjük. Fedjük le fóliával (műanyag fóliával), és vágjuk kétszer, hogy a gőz távozhasson. Főzzük teljesen 8 percig. A levét a halra öntjük, majd 1 percig állni hagyjuk. Helyezzük a zöldségeket egy másik közepes méretű rakott edénybe (holland stewpot). Fedjük le egy tányérral, és főzzük teljes erővel 5 percig, egyszer megkeverve. Helyezze a zöldségeket a halra. Fedjük le, mint korábban, és főzzük teljes erővel 2 percig. Megszórjuk metélőhagymával és tálaljuk.

Coley filé póréhagymával és citromlekvárral

2-re

Nem mindennapi megállapodás az edinburghi tengeri halhatóságtól, amely a következő három receptet is adományozta.

15 ml/1 evőkanál vaj

1 gerezd fokhagyma, meghámozva és összezúzva

1 póréhagyma, kettévágva és vékonyra szeletelve

2 fekete fekete tőkehal filé, egyenként 175 g, bőr nélkül

½ citrom leve

10 ml/2 teáskanál citromlekvár

Só és frissen őrölt fekete bors

Tegye a vajat, a fokhagymát és a póréhagymát egy 18 cm átmérőjű mély tálba. Fedjük le fóliával (műanyag fóliával), és vágjuk kétszer, hogy a gőz távozhasson. Főzzük teljesen 2 és fél percig. Leleplezni. A filéket elrendezzük a tetején, és meglocsoljuk a fél citrom levével. Fedjük le, mint korábban, és főzzük teljes erővel 7 percig. Tegye át a halat két meleg tányérra, és tartsa melegen. Keverje össze a maradék citromlevet, a lekvárt és a hallét és a póréhagyma fűszerezését. Fedjük le egy tányérral, és főzzük teljes erővel 1 és fél percig. Ráöntjük a halra és tálaljuk.

Tengeri hal kabátban

4 fő részére

4 főzési burgonya, hámozatlanul, de jól megmosva
450 g/1 font fehér halfilé, bőr nélkül és kockákra vágva

45 ml/3 evőkanál vaj vagy margarin

3 újhagyma (zöldhagyma), vágva és apróra vágva

30 ml / 2 evőkanál teljes kiőrlésű mustár

1,5 ml/¼ teáskanál paprika, plusz plusz a szóráshoz

30-45 ml/2-3 evőkanál natúr joghurt

Só

Helyezze a burgonyát közvetlenül a forgótányérra, fedje le papírtörlővel, és főzze teljes erővel 16 percig. Csomagolja be egy tiszta konyharuhába (fáklya), és tegye félre. A halat 18 cm átmérőjű rakott edénybe (holland pörköltedénybe) helyezzük a vajjal vagy margarinnal, az újhagymával, a mustárral és a paprikával. Fedjük le egy tányérral, és főzzük teljes erővel 7 percig, kétszer megkeverve. 2 percig állni hagyjuk. Hozzákeverjük a joghurtot és ízlés szerint sózzuk. Vágjunk keresztet minden burgonya tetejére, és óvatosan nyomjuk szét. Megtöltjük halkeverékkel, megszórjuk paprikával és forrón fogyasztjuk.

Svéd tőkehal olvasztott vajjal és tojással

4 fő részére

300 ml/½ pt/1¼ csésze hideg víz

3 egész szegfűszeg

5 borókabogyó

1 babérlevél, morzsolva

2,5 ml/½ teáskanál. kevert pácfűszer

1 hagyma, negyedelve

10 ml/2 teáskanál só

4 friss tőkehalfilé, közepesen vágott, egyenként 8 uncia/225 g

75g/3oz/2/3 csésze vaj

2 kemény tojás (98–9. oldal), meghámozva és feldarabolva

Egy üvegkancsóba tesszük a vizet, a szegfűszeget, a borókabogyót, a babérlevelet, a pácfűszert, a hagymakarikákat és a sót. Fedjük le fóliával (műanyag fóliával), és vágjuk kétszer, hogy a gőz távozhasson. Főzzük teljesen 15 percig. Szűrd le. Helyezzük a halat egy 25 cm átmérőjű mély edénybe, és öntsük rá a leszűrt folyadékot. Fedjük le fóliával, és vágjuk kétszer, hogy a gőz távozhasson. Főzzük teljes erővel 10 percig, kétszer megfordítva az edényt. Tegye a halat egy meleg edénybe egy halszelet segítségével, és tartsa melegen. Olvasszuk fel a vajat, fedő nélkül, 2 percig olvasztva. Ráöntjük a halra. Megszórjuk apróra vágott tojással és tálaljuk.

Tenger gyümölcsei stroganoff

4 fő részére

30 ml/2 evőkanál vaj vagy margarin

1 gerezd fokhagyma, összetörve

1 hagyma, szeletelve

125 g gomba

700 g/1½ font fehér halfilé, bőr nélkül és kockákra vágva

¼ pt/2/3 csésze/150 ml tejföl vagy crème fraîche

Só és frissen őrölt fekete bors

30 ml/2 evőkanál apróra vágott petrezselyem

Tegye a vajat vagy a margarint egy 20 cm átmérőjű rakott edénybe (holland stewpot). Felolvasztjuk, fedő nélkül, 2 percig felolvasztva. Adjuk hozzá a fokhagymát, a hagymát és a gombát. Fedjük le fóliával (műanyag fóliával), és vágjuk kétszer, hogy a gőz távozhasson. Főzzük teljesen 3 percig. Adjuk hozzá a halkockákat. Fedjük le, mint korábban, és főzzük teljes erővel 8 percig. Hozzákeverjük a tejszínt és sózzuk, borsozzuk. Ismét fedjük le, és főzzük teljes erővel 1 és fél percig. Petrezselyemmel megszórva tálaljuk.

Friss tonhal Stroganoff

4 fő részére

Készítsünk úgy, mint a Seafood Stroganoffnál, de a fehér halat cseréljük ki nagyon friss tonhalra.

A fehér halpörkölt kiválósága

4 fő részére

30 ml/2 evőkanál vaj vagy margarin

1 hagyma, apróra vágva

2 sárgarépa, apróra vágva

6 zellerszár, vékonyra szeletelve

¼ pt/2/3 csésze/150 ml fehérbor

400 g/14 oz bőr nélküli tőkehal vagy foltos tőkehal filé, kockára vágva

10 ml/2 tk kukoricakeményítő (maizena)

90 ml/6 evőkanál tejszín (könnyű)

150 ml/¼ pt/2/3 csésze zöldségalaplé

Só és frissen őrölt fekete bors

2,5 ml/½ teáskanál. szardellaesszencia (kivonat) vagy
Worcestershire szósz
30 ml/2 evőkanál apróra vágott kapor (kapor)
300 ml/½ pt/1¼ csésze tejszínhab
2 tojássárgája

Tegye a vajat vagy a margarint egy 20 cm átmérőjű rakott edénybe (holland stewpot). Melegítse, fedő nélkül, teljes teljesítményen 2 percig. Adjuk hozzá a zöldségeket és a bort. Fedjük le fóliával (műanyag fóliával), és vágjuk kétszer, hogy a gőz távozhasson. Főzzük teljesen 5 percig. 3 percig állni hagyjuk. Adjuk hozzá a halat a zöldségekhez. A kukoricalisztet óvatosan összekeverjük a tejszínnel, majd hozzáadjuk a húslevest. Sóval, borssal és szardellaesszenciával vagy Worcestershire szósszal ízesítjük. Ráöntjük a halra. Fedjük le, mint korábban, és főzzük teljes erővel 8 percig. Hozzákeverjük a kaprot, majd a tejszínt és a tojássárgáját habosra keverjük, és a halas keverékhez keverjük. Fedjük le, mint korábban, és főzzük kiolvasztáson 3 percig.

Lazachab

8 fő részére

30 ml/2 evőkanál porzselatin

150 ml/¼ pt/2/3 csésze hideg víz

15 oz/418 g nagy konzerv vörös lazac

150 ml/¼ pt/2/3 csésze krémes majonéz

15 ml / 1 evőkanál enyhe mustár

2 tk/10 ml Worcestershire szósz

30 ml/2 evőkanál gyümölcschutney, szükség esetén apróra vágva

½ nagy citrom leve

2 nagy tojásfehérje

Egy csipet só

Vízitorma, uborkaszeletek, zöldsaláta és friss lime szeletek,

díszítéshez

Oldja fel a zselatint 5 evőkanál/75 ml hideg vízben, és hagyja állni

5 percig, hogy megpuhuljon. Olvasszuk fel, fedetlenül, olvasztjuk

fel 2½-3 percig. Keverjük újra, és keverjük össze a maradék vízzel.

A lazackonzerv tartalmát egy elég nagy tálba öntjük, villával

morzsoljuk össze, eltávolítjuk a bőrt és a csontokat, majd törjük

össze elég finomra. Keverje hozzá az olvasztott zselatint, a

majonézt, a mustárt, a Worcestershire szószt, a chutneyt és a

citromlevet. Fedjük le és tegyük hűtőbe, amíg el nem kezd

sűrűsödni, és a szélei körül megszilárdul. A tojásfehérjét kemény

habbá verjük. Egyharmadát a lazacos keverékhez keverjük a sóval.

Forgassuk bele a maradék tojásfehérjét, és öntsük át a keveréket egy

1,5 literes/2½-qt./6 csésze kör alakú serpenyőbe, előzőleg hideg

vízzel leöblítettük. Fedjük le fóliával (műanyag fóliával), és tegyük

hűtőbe 8 órára, amíg megszilárdul. Tálalás előtt gyorsan mártsa be a

serpenyőt a széléig hideg vízbe, majd húzza ki belőle, hogy

meglazuljon. Óvatosan fuss át egy nedves késsel az oldalakon, majd

fordítsd egy nagy, nedves tálra. (A nedvesítés megakadályozza a

zselé leragadását.) Díszítsük szépen bő vízitormával,

uborkaszeletekkel, zöldsalátával és lime szeletekkel. majd

megfordítjuk egy nagy, nedves tálra. (A nedvesítés megakadályozza

a zselé leragadását.) Díszítsük szépen bő vízitormával,

uborkaszeletekkel, zöldsalátával és lime szeletekkel. majd

megfordítjuk egy nagy, nedves tálra. (A nedvesítés megakadályozza

a zselé leragadását.) Díszítsük szépen bő vízitormával,
uborkaszeletekkel, zöldsalátával és lime szeletekkel.

Diétás lazachab

8 fő részére

Készítsd el úgy, mint a lazachabot, de a majonézt cseréld ki blanc-
szal vagy túróval.

Rák Mornay

4 fő részére

300 ml/½ pt/1¼ csésze teljes tej
10 ml/2 evőkanál. kevert pácfűszer
1 kisebb hagyma, 8 szeletre vágva
2 szál petrezselyem
Egy csipet szerecsendió
30 ml/2 evőkanál vaj
30 ml/2 evőkanál sima liszt (minden célra)
Só és frissen őrölt fekete bors
75 g/3 uncia/¾ csésze Gruyère (svájci) sajt, reszelve
5 ml/1 teáskanál kontinentális mustár
350 g/12 oz előkészített világos és sötét rákhús
Szeletek pirított kenyér

Öntsük a tejet egy üveg- vagy műanyag kancsóba, és keverjük
hozzá a savanyító fűszereket, a hagymakarikákat, a petrezselymet és
a szerecsendiót. Fedjük le egy tányérral, és melegítsük teljes
teljesítményen 5-6 percig, amíg a tej elkezd rázkódni. Szűrd le.
Tegye a vajat egy 1,5 literes/2½ qt/6 csésze edénybe, és olvassa fel
a Defrost funkción 1,5 percig. Belekeverjük a lisztet. Főzzük
teljesen 30 másodpercig. Fokozatosan adjuk hozzá a forró tejet.

Főzzük teljes erővel körülbelül 4 percig, percenként kavargatva, amíg a szósz fel nem forr és besűrűsödik. Sózzuk, borsozzuk, majd belekeverjük a sajtot és a mustárt. Főzzük teljes erővel 30 másodpercig, vagy amíg a sajt megolvad. Belekeverjük a rákhúst. Fedje le egy tányérral, és melegítse teljes teljesítményen 2-3 percig. Frissen készült pirítósra tálaljuk.

Tuna Mornay

4 fő részére

Készítsd el úgy, mint a Crab Mornay-t, de a rákhúst helyettesítsd olajos tonhalkonzervvel. Két villával morzsoljuk össze a húst, és adjuk a szószhoz a kannából származó olajjal.

vörös lazac Mornay

4 fő részére

Készítsd el úgy, mint a Crab Mornay-t, de a rákhúst cseréld ki konzerv lazacra, lecsepegtetve és morzsolva.

Tenger gyümölcsei és dió kombinációja

4 fő részére

45 ml/3 evőkanál olívaolaj

1 hagyma, apróra vágva

2 sárgarépa, szeletelve

2 zellerszár, vékonyra szeletelve

1 piros kaliforniai paprika (paprika), kimagozva és csíkokra vágva

1 zöld kaliforniai paprika (paprika), kimagozva és csíkokra vágva

1 kis cukkini vékonyra szeletelve

250 ml/8oz/1 csésze fehérbor

Egy csipetnyi kevert fűszer

300 ml/½ pt/1¼ csésze hal- vagy zöldségalaplé

450 g/1 font érett paradicsom, blansírozva, meghámozva és feldarabolva

125 g/4 uncia tintahal karikák

400g/14oz sima lepényhal filé vagy citromtalp, négyzetekre vágva

125 g/4 oz főtt kagyló

4 nagy főtt garnélarák (garnélarák)

2 oz/½ csésze/50 g dió fél vagy darab

50g/2oz/1/3 csésze mazsola (arany mazsola)

Egy csipetnyi sherry

Só és frissen őrölt fekete bors

1 citrom leve

30 ml/2 evőkanál apróra vágott petrezselyem

Melegítsen olajat egy 4½-qt/11-cup/2,5 literes holland sütőben (holland sütő) 2 percig magas fokozaton. Adjuk hozzá az összes zöldséget. Fedő nélkül, teljes erővel 5 percig főzzük, kétszer megkeverve. Adjuk hozzá a bort, a fűszereket, a húslevest és a paradicsomot a halakkal és a tenger gyümölcseivel együtt, fedjük le fóliával (műanyag fóliával), és vágjuk ketté, hogy a gőz távozzon. Főzzük teljesen 10 percig. Keverje hozzá az összes többi hozzávalót, kivéve a petrezselymet. Fedjük le, mint korábban, és főzzük teljes erővel 4 percig. Fedjük le, szórjuk meg petrezselyemmel, és azonnal tálaljuk.

Lazac karika kaporral

8-10 fő részére

125 g/4 uncia/3 ½ szelet laza textúrájú fehér kenyér

900 g/2 lb friss, bőr nélküli lazacfilé, kockára vágva

10 ml/2 tk palackozott szardellaszósz

5-7,5 ml/1-1 ½ teáskanál só

1 gerezd fokhagyma, összetörve

4 nagy tojás, felverve

25 g/1 uncia friss kapor (kapor)

fehér bors

Enyhén kivajazunk egy 23 cm átmérőjű mély edényt. A kenyeret robotgépben morzsoljuk össze. Adja hozzá az összes többi összetevőt. Addig pörgesse a gépet, amíg a keverék össze nem keveredik, és a hal durvára nem vágódik. Kerülje a túlkeverést, különben a keverék nehéz és sűrű lesz. Óvatosan kenje be az elkészített edénybe, és nyomjon egy üveg baba lekvárt (befőtt) vagy egy tojásos poharat egyenesen a közepébe, hogy a keverék gyűrűt képezzen. Fedjük le fóliával (műanyag fóliával), és vágjuk kétszer, hogy a gőz távozhasson. Főzzük teljes erővel 15 percig, kétszer megfordítva az edényt. (A gyűrű összehúzódik az edény oldalától.) Hagyjuk állni, amíg kihűl, majd letakarva hűtsük le. Karikára vágjuk és tálaljuk.

Vegyes halkarika petrezselyemmel

8-10 fő részére

Készítsünk úgy, mint a lazackapor karikánál, de helyettesítsük a lazacot friss, bőr nélküli lazacfilé, laposhal és foltos tőkehal és 3 evőkanál keverékével. evőkanál apróra vágott petrezselymet a kaporhoz.

Tőkehal rakott szalonnával és paradicsommal

6 fő részére

30 ml/2 evőkanál vaj vagy margarin

225 g gammon, durvára vágva

2 hagyma, szeletelve

1 nagy zöld kaliforniai paprika (paprika), kimagozva és csíkokra vágva

2 3 400 g/2 3 14 uncia/2 nagy doboz paradicsom

15 ml / 1 evőkanál enyhe kontinentális mustár

45 ml/3 evőkanál Cointreau vagy Grand Marnier

Só és frissen őrölt fekete bors

700 g bőr nélküli tőkehalfilé, kockára vágva

2 gerezd fokhagyma, összetörve

60 ml/4 evőkanál pirított barna zsemlemorzsa

15 ml/1 evőkanál földimogyoró- vagy napraforgóolaj

Tegye a vajat vagy a margarint egy 2 literes/3½-qt./8½ csésze holland sütőbe. Fedő nélkül, teljes teljesítménnyel 1 és fél percig melegítjük. Keverjük össze a sonkát, a hagymát és a borsot. Fedő nélkül, 10 percig felengedve, kétszer megkeverve főzzük. Vegye ki a mikrohullámú sütőből. Belekeverjük a paradicsomot, villával pépesítjük, majd beleforgatjuk a mustárt, a likőrt és az ételízesítőt. Fedjük le fóliával (műanyag fóliával), és vágjuk kétszer, hogy a gőz távozhasson. Főzzük teljesen 6 percig. Adjunk hozzá halat és fokhagymát. Fedjük le, mint korábban, és főzzük közepes lángon 10 percig. Megszórjuk zsemlemorzsával, és leöntjük az olajjal. Fedő nélkül, teljes teljesítménnyel 1 percig melegítjük.

Slimers Fish Pot

2-re

Zamatos jalapeno szósszal meglocsolva és bátran fűszerezve, kóstolja meg ezt a luxus hallakomát ropogós francia kenyérrel és rusztikus vörösborral.

2 hagyma, durvára vágva

2 gerezd fokhagyma, összetörve

15 ml/1 evőkanál olívaolaj

400 g/14 oz/1 nagy konzervdobozra vágott paradicsom

200 ml / 7 fl oz / alig 1 csésze rozé bor

15 ml/1 evőkanál Pernod vagy Ricard (pastis)

10 ml/2 evőkanál. jalapeno szósz

2,5 ml/½ teáskanál csípős paprikaszósz

10 ml/2 teáskanál garam masala

1 babérlevél

2,5 ml/½ teáskanál szárított oregánó

2,5-5 ml/½-1 teáskanál só

8 oz/225 g bőr nélküli ördöghal vagy laposhal, csíkokra vágva

12 nagy főtt garnélarák (garnélarák)

2 nagy kagyló csíkokra vágva

2 evőkanál/30 ml apróra vágott koriander (koriander), díszítéshez

Helyezze a hagymát, a fokhagymát és az olajat egy 2 literes, 8½ csésze holland sütőbe. Fedjük le egy tányérral, és főzzük teljes erővel 3 percig. Adjuk hozzá a többi hozzávalót a hal, a kagyló és a koriander kivételével. Fedjük le, mint korábban, és főzzük teljes erővel 6 percig, háromszor megkeverve. Keverjük hozzá az ördöghalat vagy laposhalat. Fedjük le, mint korábban, és főzzük kiolvasztáson 4 percig, amíg a hal kifehéredik. Keverje hozzá a garnélarákot és a kagylót. Fedjük le, mint korábban, és főzzük kiolvasztáson 1 és fél percig. Keverjük össze, öntsük mély tányérokba, és szórjuk meg korianderrel. Azonnal tálaljuk.

Sült csirke

A mikrohullámú csirke zamatos és kellemes ízű lehet, ha megfelelő szósszal kezeljük és töltetlenül hagyjuk.

1 főzésre kész csirke, szükség szerinti méretben

A rántáshoz:

25 g/1 uncia/2 evőkanál vaj vagy margarin

5 ml/1 teáskanál paprika

5 ml/1 teáskanál Worcestershire szósz

5 ml/1 teáskanál szójaszósz

2,5 ml/½ teáskanál fokhagymás só vagy 5 ml/1 teáskanál fokhagyma paszta

5 ml/1 teáskanál paradicsompüré (tészta)

Helyezze a megmosott, szárított csirkét egy akkora edénybe, hogy kényelmesen elférjen, és mikrohullámú sütőben is elférjen. (Nem kell mélynek lennie.) Az ecset elkészítéséhez olvasszuk fel a vajat vagy a margarint teljes teljesítményen 30-60 másodpercig. Keverjük hozzá a többi hozzávalót, és öntsük a csirkehúsra. Fedjük le fóliával (műanyag fóliával), és vágjuk kétszer, hogy a gőz távozhasson. Főzze teljes teljesítményen 8 percig 1 fontonként/450 g-onként, 5 percenként fordítsa meg az edényt. A főzés felénél kapcsold ki a mikrohullámú sütőt, és hagyd bent 10 percig pihenni a baromfit, majd fejezd be a főzést. Hagyjuk még 5 percig pihenni. Tedd át vágódeszkára,

Készítse el úgy, mint a sült csirkét, de adjon hozzá 5 ml/1 teáskanál melaszt (melaszt), 10 ml/2 teáskanál barna cukrot, 5 ml/1 teáskanál citromlevet és 5 ml/1 teáskanál mártást. Hagyjon 30 másodperccel több főzési időt.

Készítsük el úgy, mint a sült csirkét. Főzés után a baromfit szeletekre osztjuk, és tiszta edénybe tesszük. Vásárolt salsával bevonjuk, ízlés szerint mérsékelten forró. Megszórjuk 2 csésze 225 g reszelt Cheddar sajttal. Melegítse újra, fedő nélkül, felengedéskor körülbelül 4 percig, amíg a sajt megolvad és buborékosodik. Konzerv sült babbal és citromlével meglocsolt avokádóval tálaljuk.

Koronázási csirke

1 sült csirke

45 ml/3 evőkanál fehérbor

30 ml/2 evőkanál paradicsompüré (tészta)

30 ml/2 evőkanál mangó chutney

30 ml/2 evőkanál szitált baracklekvár (konzerv)

30 ml/2 evőkanál víz

½ citrom leve

10 ml/2 teáskanál enyhe curry paszta

10 ml/2 teáskanál sherry

300 ml/½ pt/1¼ csésze vastag majonéz

60 ml/4 evőkanál tejszínhab

225 g/8 uncia/1 csésze hosszú szemű rizs, főtt

Zsázsa

Kövesse a sült csirke receptjét, beleértve a szószt is. Főzés után a húst kivesszük a csontokról, és falatnyi darabokra vágjuk. Tedd egy keverőtálba. Öntsük a bort egy edénybe, és adjuk hozzá a paradicsompürét, a chutney-t, a lekvárt, a vizet és a citromlevet. Fedő nélkül, teljes teljesítménnyel 1 percig melegítjük. Hagyjuk kihűlni. Keverje hozzá a curry pasztát, a sherryt és a majonézt, majd keverje hozzá a tejszínt. Keverjük össze a csirkével. Rendezzünk egy rizságyat egy nagy tálra, és öntsük rá a csirkemeveréket. Vízitormával díszítjük.

Veronika csirke

1 sült csirke

1 hagyma, finomra reszelve

25 g/1 uncia/2 evőkanál vaj vagy margarin

150 ml/¼ pt/2/3 csésze friss tejszín

30 ml/2 evőkanál fehér portói vagy száraz sherry

60 ml/4 evőkanál sűrű majonéz

10 ml/2 tk olvasztott mustár

5 ml/1 teáskanál ketchup (catsup)

1 kis szár zeller, apróra vágva

75 g/3 oz mag nélküli zöld szőlő

Kis fürtök mag nélküli zöld vagy piros szőlő, díszítéshez

Kövesse a sült csirke receptjét, beleértve a szószt is. Főzés után a húst kivesszük a csontokról, és falatnyi darabokra vágjuk. Tedd egy keverőtálba. Helyezze a hagymát egy kis tálba a vajjal vagy a margarinnal, és fedő nélkül, teljes erővel 2 percig főzze. Egy harmadik tálban keverje össze a crème fraîche-t, a portói vagy sherryt, a majonézt, a mustárt, a ketchupot és a zellert. Keverje hozzá a csirkét főtt hagymával és mazsolával. Óvatosan egy tálba öntjük, és a szőlőfürtökkel díszítjük.

Tárkonyos ecetes csirke

*Az 1970-es évek elején egy nagyszerű lyoni étteremben felfedezett
recept adaptációja.*

1 sült csirke

25 g/1 uncia/2 evőkanál vaj vagy margarin

30 ml/2 evőkanál kukoricakeményítő (maizena)

15 ml/1 evőkanál paradicsompüré (tészta)

45 ml/3 evőkanál tejszín

45 ml/3 evőkanál malátaecet

Só és frissen őrölt fekete bors

Kövesse a sült csirke receptjét, beleértve a szószt is. A megfőtt
baromfit hat részre vágjuk, alufóliával letakarjuk és tányéron
melegen tartjuk. A szósz elkészítéséhez öntse a csirkéből a
főzőlevet egy mérőedénybe, és töltse fel 1 csésze/8 fl oz/250 ml-re
forró vízzel. Tegye a vajat vagy a margarint egy külön edénybe, és
fedő nélkül melegítse teljes teljesítményen 1 percig. Hozzákeverjük
a kukoricakeményítőt, a paradicsompürét, a tejszínt és az ecetet,
majd ízlés szerint sóval és frissen őrölt fekete borssal ízesítjük.
Fokozatosan hozzákeverjük a forró csirkehúslevet. Főzzük fedő

nélkül, teljes teljesítményen 4-5 percig, amíg besűrűsödik és habosodik, percenként kavarva. Ráöntjük a csirkére, és azonnal tálaljuk.

Dán sült csirke petrezselymes töltelékkel

Készítsük el úgy, mint a sült csirkét, de készítsünk néhány hasítékot a nyers csirke bőrébe, és díszítsük apró petrezselyemmel. Tegyen 25 g / 1 uncia / 2 evőkanál fokhagymás vajat a testüregbe. Ezután járjon el a receptben leírtak szerint.

Simla csirke

A Raj korszakához tartozó angol-indiai specialitás.

1 sült csirke

15 ml/1 evőkanál vaj

5 ml/1 teáskanál finomra vágott gyömbérgyökér

5 ml/1 teáskanál fokhagymapüré (tészta)

2,5 ml/½ teáskanál kurkuma

2,5 ml/½ teáskanál paprika

5 ml/1 teáskanál só

300 ml/½ pt/1¼ csésze tejszínhab

Sült (pirított) hagymakarikák, házi vagy vásárolt, köretnek

Kövesse a sült csirke receptjét, beleértve a szószt is. Főzés után osszuk hat részre a baromfit, és tartsuk melegen egy nagy tányéron vagy egy edényben. Melegítse fel a vajat egy 1 qt/2½ csésze/600 ml-es rakott edényben Full fokozaton 1 percig. Adjuk hozzá a gyömbért és a fokhagymapürét. Fedő nélkül, teljes erővel főzzük 1 és fél percig. Hozzákeverjük a kurkumát, a paprikát és a sót, majd a tejszínt. Fedő nélkül hevítsük teljes erővel 4-5 percig, amíg a tejszín buborékolni nem kezd, és legalább négyszer keverjük fel. Ráöntjük a csirkére, és hagymakarikákkal díszítjük.

Fűszeres csirke kókuszdióval és korianderrel

4 fő részére

Finoman fűszerezett curry Dél-Afrikából.

8 adag csirke, összesen 2¾ font/1,25 kg
45 ml/3 evőkanál szárított kókuszdió (reszelve)
1 zöld chili, körülbelül 8 cm hosszú, kimagozva és apróra vágva
1 gerezd fokhagyma, összetörve
2 hagyma, lereszelve
5 ml/1 teáskanál kurkuma
5 ml/1 teáskanál őrölt gyömbér
10 ml/2 teáskanál enyhe curry por
90 ml/6 evőkanál durvára vágott koriander (koriander)
150 ml/¼ pt/2/3 csésze konzerv kókusztej
125 g/4 oz/½ csésze túró metélőhagymával
Só
6 oz/¾ csésze hosszú szemű rizs, főtt
Chutney, tálaláshoz

Hámozzuk meg a csirkét. Egy 25 cm átmérőjű mély tányér széle
köré rendezzük úgy, hogy a darabokat egymáshoz illesszük, hogy
tökéletesen illeszkedjenek egymáshoz. Fedjük le fóliával (műanyag
fóliával), és vágjuk kétszer, hogy a gőz távozhasson. Főzzük teljes
erővel 10 percig, kétszer megfordítva az edényt. Tedd egy tálba a
kókuszt a többi hozzávalóval, kivéve a rizst. Jól összekeverni.
Fedjük le a csirkét, és kenjük be kókuszos keverékkel. Fedjük le,
mint korábban, és főzzük teljes erővel 10 percig, négyszer
megfordítva az edényt. Tálaljuk leveses tányérokban egy
rizsdombon, a chutneyval félretéve.

fűszeres nyúl

4 fő részére

Készítsd el úgy, mint a fűszeres kókuszos-korianderes csirkét, de
helyettesíts nyolc adag nyulat a csirkével.

fűszeres pulyka

4 fő részére

Készítse el úgy, mint a csípős kókuszos-korianderes csirkét, de
cserélje ki a csirkét nyolc darab 175 g/6 uncia kicsontozott
pulykamell bélszínre.

Paradicsomos csirke Bredie

6 fő részére

Dél-afrikai pörkölt, az emberek legnépszerűbb összetevőinek felhasználásával.

30 ml/2 evőkanál napraforgó- vagy kukoricaolaj

3 hagyma, apróra vágva

1 gerezd fokhagyma, finomra vágva

1 kis zöld chili kimagozva és apróra vágva

4 paradicsom, blansírozva, meghámozva és felszeletelve

750 g csont nélküli csirkemell, apró kockákra vágva

5 ml/1 teáskanál sötétbarna cukor

10 ml/2 tk paradicsompüré (tészta)

7,5–10 ml/1½ –2 teáskanál só

Az olajat egy 25 cm átmérőjű mély edénybe öntjük. Adjuk hozzá a hagymát, a fokhagymát és a chilit, és jól keverjük össze. Fedő nélkül 5 percig főzzük. Adja hozzá a többi hozzávalót az edényhez, és készítsen egy kis mélyedést a közepébe egy tojásos csészével, hogy a keverék gyűrűt képezzen. Fedjük le fóliával (műanyag fóliával), és vágjuk kétszer, hogy a gőz távozhasson. Főzzük teljes erővel 14 percig, négyszer megfordítva az edényt. Tálalás előtt 5 percig állni hagyjuk.

Kínai vörös főtt csirke

4 fő részére

Kifinomult kínai pörkölt, a csirke mahagóni színt ölt, ahogy a szószban rotyog. Fogyasszuk bőven főtt rizzsel, hogy felszívja a sós levet.

6 szárított kínai gomba
8 nagy csirkecomb, összesen 2¼ font/1 kg
1 nagy hagyma, lereszelve
60 ml/4 evőkanál finomra vágott kandírozott gyömbér
75 ml/5 evőkanál édes sherry
15 ml/1 evőkanál blackstrap melasz (melasz)
Mandarin vagy hasonló laza héjú citrusfélék reszelt héja

2 fl oz/50 ml/3½ csésze szójaszósz

Áztassa a gombát forró vízben 30 percig. Lecsepegtetjük és csíkokra vágjuk. Vágja le a alsócomb húsos részeit, és helyezze el őket egy 25 cm/10 átmérőjű mély edény széle mentén úgy, hogy a csontos vége a közepe felé nézzen. Fedjük le fóliával (műanyag fóliával), és vágjuk kétszer, hogy a gőz távozhasson. Főzzük teljes erővel 12 percig, háromszor fordítsuk meg az edényt. Keverjük össze a többi hozzávalót, beleértve a gombát is, és öntsük a csirkére. Fedjük le, mint korábban, és főzzük teljes erővel 14 percig. Tálalás előtt 5 percig állni hagyjuk.

Arisztokratikus csirkeszárnyak

4 fő részére

Egy ősrégi kínai recept, az elit által elismert, tojásos tésztával tálalva.

8 szárított kínai gomba

6 újhagyma (zöldhagyma), durvára vágva

15 ml/1 evőkanál földimogyoró-olaj

900 g/2 font csirkeszárny

8 uncia/225 g konzerv szeletelt bambuszrügy

30 ml/2 evőkanál kukoricakeményítő (maizena)

45 ml/3 evőkanál kínai rizsbor vagy off-dry sherry

60 ml/4 evőkanál szójaszósz

10 ml/2 teáskanál finomra vágott friss gyömbér gyökér

Áztassa a gombát forró vízben 30 percig. Lecsöpögtetjük és negyedekre vágjuk. Tegye a hagymát és az olajat egy 25 cm átmérőjű mély tálba. Fedő nélkül, teljes erővel főzzük 3 percig. Keverjük össze. Rendezzük el a csirkeszárnyakat az edényben, hagyjunk egy kis mélyedést a közepén. Fedjük le fóliával (műanyag fóliával), és vágjuk kétszer, hogy a gőz távozhasson. Főzzük teljes erővel 12 percig, háromszor fordítsuk meg az edényt. Leleplezni. Bekenjük a bambuszrügyekkel és a konzervből származó folyadékkal, és szórjuk rá a gombát. Óvatosan keverje össze a kukoricalisztet a rizsborral vagy sherryvel. Adjuk hozzá a többi hozzávalót. Ráöntjük a csirkére és a zöldségekre. Fedjük le, mint korábban, és főzzük teljes erővel 10-12 percig, amíg a folyadék fel nem buborékol. Tálalás előtt 5 percig állni hagyjuk.

Csirke chow mein

4 fő részére

½ uborka, meghámozva és felkockázva

275 g hidegen főtt csirke kis kockákra vágva

450 g/1 font vegyes friss zöldség pirításhoz

30 ml/2 evőkanál szójaszósz

Helyezze az uborkát és a csirkét egy 1,75 literes rakott edénybe. Keverje össze az összes többi összetevőt. Fedjük le egy nagy tányérral, és főzzük teljes erővel 10 percig. Tálalás előtt hagyjuk állni 3 percig kínai tésztával.

Suey csirkeszelet

4 fő részére

Készítsd el úgy, mint a Chicken Chow Meint, de a tésztát cseréld ki főtt hosszú szemű rizzsel.

Expressz pácolt kínai csirke

3-ra

Autentikus kóstolás, de a lehető leggyorsabb. Rizzsel vagy tésztával és kínai savanyúsággal fogyaszd.

6 nagy csirkecomb, összesen körülbelül 1½ font/750 g

125 g/4 uncia/1 csésze csemegekukorica szem, félig felolvasztva, ha fagyasztott

1 póréhagyma, apróra vágva

60 ml/4 evőkanál vásárolt kínai pác

Helyezze a csirkét egy mély tálba, és adja hozzá a többi hozzávalót. Jól összekeverni. Fedjük le és tegyük hűtőbe 4 órára. Keverjük össze. Tegye át egy 23 cm átmérőjű mély edénybe, és helyezze a csirkét a szélére. Fedjük le fóliával (műanyag fóliával), és vágjuk kétszer, hogy a gőz távozhasson. Főzzük teljes erővel 16 percig, négyszer megfordítva az edényt. Tálalás előtt 5 percig állni hagyjuk.

Hongkongi csirke vegyes zöldségekkel és babcsírával

2-3 fő részére

4 szárított kínai gomba

1 nagy hagyma, apróra vágva

1 sárgarépa, lereszelve

15 ml/1 evőkanál földimogyoró-olaj

2 gerezd fokhagyma, összetörve

225 g főtt csirke csíkokra vágva

275 g/10 oz babcsíra

15 ml/1 evőkanál szójaszósz

1,5 ml/¼ teáskanál szezámolaj

Egy jó csipet cayenne bors

2,5 ml/½ teáskanál só

Főtt rizs vagy kínai tészta, tálaláshoz

Áztassa a gombát forró vízben 30 percig. Lecsepegtetjük és csíkokra vágjuk. Helyezze a hagymát, a sárgarépát és az olajat egy 1,75 literes rakott edénybe. Fedő nélkül, teljes erővel főzzük 3 percig. Keverjük hozzá a többi hozzávalót. Fedjük le fóliával (műanyag fóliával), és vágjuk kétszer, hogy a gőz távozhasson. Főzzük teljes erővel 5 percig, háromszor fordítsuk meg az edényt. Tálalás előtt hagyjuk állni 5 percig rizzsel vagy tésztával.

Csirke aranysárkány szósszal

4 fő részére

4 nagy, húsos csirkedarab, egyenként 225 g, bőr nélkül

Sima liszt (minden célra)

1 kisebb hagyma, apróra vágva

2 gerezd fokhagyma, összetörve

30 ml/2 evőkanál szójaszósz

30 ml/2 evőkanál szárazon szárított sherry

30 ml/2 evőkanál földimogyoró olaj

60 ml/4 evőkanál citromlé

60 ml/4 evőkanál világosbarna cukor

45 ml/3 evőkanál baracklekvár, megolvasztva és átszitázva

(konzerv)

5 ml/1 teáskanál őrölt koriander (koriander)

3-4 csepp csípős paprikaszósz

Babcsíra és kínai tésztasaláta, tálaláshoz

A csirkecomb vastag részeit éles késsel több helyen bevágjuk, liszttel meghintjük, majd 25 cm átmérőjű üreges edénybe tesszük. A többi hozzávalót jól összekeverjük. Ráöntjük a csirkére. Lazán letakarjuk az edényt papírtörlővel, és a sülteket kétszer megforgatva pácoljuk a hűtőben 4-5 órára. Rendezzük el a vágott oldalukat felfelé, majd fedjük le az edényt fóliával (műanyag fóliával), és vágjuk be kétszer, hogy a gőz távozhasson. Főzze teljes erővel 22 percig, négyszer fordítva meg az edényt. Tésztaágyon tálaljuk, és meglocsoljuk az edény levével.

Gyömbéres csirkeszárny salátával

4-5 fő részére

1 nagy cos (romaine) saláta, lereszelve

1/2,5 cm-es darab gyömbérgyökér, vékonyra szeletelve

2 gerezd fokhagyma, összetörve

15 ml/1 evőkanál földimogyoró-olaj

½ pt/1¼ csésze/300 ml forrásban lévő csirkealaplé

30 ml/2 evőkanál kukoricakeményítő (maizena)

2,5 ml/½ teáskanál ötfűszer por

60 ml/4 evőkanál hideg víz

5 ml/1 teáskanál szójaszósz

5 ml/1 teáskanál só

1 kg csirkeszárny

Főtt rizs vagy kínai tészta, tálaláshoz

Tegye a salátát, a gyömbért, a fokhagymát és az olajat egy meglehetősen nagy rakott edénybe (holland stewpot). Fedjük le egy tányérral, és főzzük teljes erővel 5 percig. Felfedjük és hozzáadjuk a forrásban lévő húslevest. Óvatosan keverje össze a kukoricakeményítőt és az ötfűszeres port a hideg vízzel. Keverje hozzá a szójaszószt és a sót. Hozzáadjuk a csirkeszárnyas saláta keverékhez, óvatosan keverjük, amíg jól el nem keveredik. Fedjük le fóliával (műanyag fóliával), és vágjuk kétszer, hogy a gőz távozhasson. Főzzük teljes erővel 20 percig, négyszer megfordítva az edényt. Tálalás előtt hagyjuk állni 5 percig rizzsel vagy tésztával.

Bangkoki kókuszos csirke

4 fő részére

Az eredeti darab, egy fiatal thai barátom készítette a konyhámban.

4 csont nélküli csirkemell, egyenként 175 g

200 ml/7 uncia/alig 1 csésze tejszínes kókuszdió

1 lime leve

30 ml/2 evőkanál hideg víz

2 gerezd fokhagyma, összetörve

5 ml/1 teáskanál só

1 citromfű szár, hosszában félbevágva, vagy 6 citromfű levél

2–6 zöldpaprika vagy 1,5–2,5 ml/¼–½ teáskanál szárított vörös

chilipor

4-5 friss lime levél

20 ml/4 teáskanál apróra vágott koriander (koriander)

6 oz/¾ csésze hosszú szemű rizs, főtt

A csirkét egy 20 cm átmérőjű mély tál széle köré rendezzük úgy, hogy a közepén hagyjunk egy mélyedést. Fedjük le fóliával (műanyag fóliával), és vágjuk kétszer, hogy a gőz távozhasson. Főzzük teljes erővel 6 percig, kétszer megfordítva az edényt. Keverjük össze a kókusztejszínt, a lime levét és a vizet, majd keverjük hozzá a fokhagymát és a sót, és öntsük a csirkére. Megszórjuk citromfű vagy citromfű levelekkel, ízlés szerint chilivel és lime levelekkel. Fedjük le, mint korábban, és főzzük teljes erővel 8 percig, háromszor fordítsuk meg az edényt. 5 percig állni hagyjuk. Fedjük le és keverjük bele a koriandert, majd tálaljuk a rizzsel.

Csirke satay

8 főre előételnek, 4 főnek főételnek

A savanyúsághoz:

30 ml/2 evőkanál földimogyoró olaj

30 ml/2 evőkanál szójaszósz

1 gerezd fokhagyma, összetörve

900 g csont nélküli csirkemell, kockára vágva

A satay szószhoz:

10 ml/2 teáskanál földimogyoró olaj

1 hagyma, apróra vágva

2 zöld chili, egyenként körülbelül 8 cm hosszú, kimagozva és apróra vágva

2 gerezd fokhagyma, összetörve

150 ml/¼ pt/2/3 csésze forrásban lévő víz

60 ml/4 evőkanál ropogós mogyoróvaj

10 ml/2 teáskanál borecet

2,5 ml/½ teáskanál só

6 oz/¾ csésze hosszú szemű rizs, főtt (opcionális)

A pác elkészítéséhez keverje össze az olajat, a szójaszószt és a fokhagymát egy keverőedényben, majd adja hozzá a csirkét, jól keverje össze, hogy bevonja. Télen letakarva 4 órára, nyáron 8 órára hűtőbe tesszük.

A szósz elkészítéséhez öntsd az olajat egy közepes méretű edénybe vagy tálba, és add hozzá a hagymát, a chilit és a fokhagymát. A szósz elkészítése előtt a csirkekockákat nyolc olajozott nyársra fűzzük fel. Rendezd el, egyszerre négyet, egy nagy tányérra, mint a kerék küllői. Fedő nélkül, teljes erővel 5 percig főzzük, egyszer megforgatva. Ismételje meg a maradék négy nyárssal. Tartsd melegen. A mártás befejezéséhez fedje le a tálat fóliával (műanyag fóliával), és kétszer vágja be, hogy a gőz távozzon. Főzzük teljesen 2 percig. Forraljuk fel a forrásban lévő vizet, a mogyoróvajat, az ecetet és a sót. Fedő nélkül 3 percig főzzük, egyszer megkeverve. 30 másodpercig állni hagyjuk, és főétel esetén rizzsel tálaljuk.

Mogyorós csirke

4 fő részére

4 csont nélküli csirkemell, egyenként 175 g

125 g/4 uncia/½ csésze sima mogyoróvaj

2,5 ml/½ teáskanál őrölt gyömbér

2,5 ml/½ teáskanál fokhagymás só

10 ml/2 teáskanál enyhe curry por

kínai hoisin szósz

Főtt kínai tészta, tálaláshoz

A csirkét egy 23 cm átmérőjű mély tál széle köré rendezzük úgy, hogy a közepén hagyjunk egy mélyedést. Tegye a mogyoróvajat, a gyömbért, a fokhagymás sót és a curryport egy kis edénybe, és fedő

155

nélkül melegítse teljes teljesítményen 1 percig. Egyenletesen kenjük a csirkére, majd vékonyan kenjük be hoisin szósszal. Fedjük le fóliával (műanyag fóliával), és vágjuk kétszer, hogy a gőz távozhasson. Főzzük teljes erővel 16 percig, négyszer megfordítva az edényt. Tálalás előtt hagyjuk állni 5 percig kínai tésztával.

Indiai joghurtos csirke

4 fő részére

Egyszerű és gyorsan elkészíthető curry. Alacsony zsírtartalmú, ezért fogyókúrához ajánlott, esetleg egy köret karfiol és egy-két szelet ropogós kenyér mellé.

750 g/1½ font bőr nélküli csirkecomb

150 ml/¼ pt/2/3 csésze natúr joghurt

15 ml/1 evőkanál tej

5 ml/1 teáskanál garam masala

1,5 ml/¼ teáskanál kurkuma

5 ml/1 teáskanál őrölt gyömbér

5 ml/1 teáskanál őrölt koriander (koriander)

5 ml/1 teáskanál őrölt kömény

15 ml/1 evőkanál kukorica- vagy napraforgóolaj

45 ml/3 evőkanál meleg víz

60 ml/4 evőkanál durvára vágott koriander, díszítéshez

Helyezze a csirkét egy 30 cm átmérőjű mély edénybe. Az összes
többi hozzávalót összekeverjük, és ráöntjük a csirkehúsra. Fedjük
le, és hagyjuk pácolódni a hűtőszekrényben 6-8 órán át. Fedjük le
egy tányérral, és melegítsük teljes teljesítményen 5 percig.
Keverjük össze a kör csirkét. Fedje le az edényt fóliával (műanyag
fóliával), és vágja be kétszer, hogy a gőz távozhasson. Főzzük teljes
erővel 15 percig, négyszer megfordítva az edényt. 5 percig állni
hagyjuk. Tálalás előtt fedjük le és szórjuk meg apróra vágott
korianderrel.

Japán tojásos csirke

4 fő részére

3½ fl oz/6½ evőkanál/100 ml forró csirke- vagy marhaalaplé
60 ml/4 evőkanál száraz sherry
30 ml/2 evőkanál teriyaki szósz
15 ml / 1 evőkanál világosbarna cukor
250 g/9 uncia/1¼ csésze főtt csirke, csíkokra vágva
4 nagy tojás, felverve
6 oz/¾ csésze hosszú szemű rizs, főtt

A húslevest, a sherryt és a teriyaki szószt öntsük egy 18 cm
átmérőjű, sekély edénybe. Keverjük hozzá a cukrot. Fedjük le
fóliával (műanyag fóliával), és vágjuk kétszer, hogy a gőz
távozhasson. Főzzük teljesen 5 percig. Fedjük le és keverjük össze.
Belekeverjük a csirkét, és ráöntjük a tojásokat. Fedő nélkül, 6

percig főzzük, háromszor megfordítva az edényt. A tálaláshoz tegyük a rizst négy felmelegített tálba, és öntsük rá a csirke-tojás keveréket.

Portugál rakott csirke

4 fő részére

25 g / 1 uncia / 2 evőkanál vaj vagy margarin vagy 25 ml / 1½
evőkanál olívaolaj
2 hagyma, negyedelve
2 gerezd fokhagyma, összetörve
4 darab csirke, összesen 2 font/900 g
125 g főtt sonka kis kockákra vágva
3 paradicsom, blansírozva, meghámozva és apróra vágva
¼ pt/2/3 csésze/150 ml száraz fehérbor
10 ml/2 teáskanál francia mustár
7,5–10 ml/1½–2 teáskanál só

A vajat, a margarint vagy az olajat 20 cm átmérőjű rakott edénybe (holland pörköltedénybe) tesszük. Fedő nélkül, teljes teljesítménnyel 1 percig melegítjük. Keverje hozzá a hagymát és a fokhagymát. Fedő nélkül, teljes erővel főzzük 3 percig. Adjuk hozzá a csirkét. Fedjük le fóliával (műanyag fóliával), és vágjuk kétszer, hogy a gőz távozhasson. Főzd teljes erővel 14 percig, kétszer megfordítva az edényt. Keverjük össze a többi hozzávalót. Fedjük le, mint korábban, és főzzük teljes erővel 6 percig. Tálalás előtt 5 percig állni hagyjuk.

Angol fűszeres csirke rakott

4 fő részére

Készítsük el úgy, mint a portugál rakott csirkét, de a bort cseréljük félszáraz almaborral, és adjunk hozzá 5 szelet pácolt diót a többi hozzávalóval. Hagyjon 1 perc plusz főzési időt.

Kompromisszum tandoori csirke

8 főre előételnek, 4 főnek főételnek

Indiai étel, amelyet hagyományosan agyagkemencében vagy tandoorban készítenek, de ez a mikrohullámú változat teljesen elfogadható.

8 darab csirke, összesen kb. 2¾ font/1,25 kg

8 fl oz/1 csésze sűrű natúr görög joghurt

30 ml/2 evőkanál tandoori fűszerkeverék

10 ml/2 teáskanál őrölt koriander (koriander)

5 ml/1 teáskanál paprika

5 ml/1 teáskanál kurkuma

30 ml/2 evőkanál citromlé

2 gerezd fokhagyma, összetörve

7,5 ml/1½ teáskanál só

Indiai kenyér és vegyes saláta, tálaláshoz

A csirke húsos részeit több helyen bekarikázzuk. A joghurtot enyhén habosra keverjük az összes többi hozzávalóval. A csirkét egy 25 cm átmérőjű mély tálba helyezzük, és bekenjük a tandoori keverékkel. Finoman letakarjuk papírtörlővel, és 6 órán át a hűtőben pácoljuk. Megfordítjuk, meglocsoljuk páclével és további 3-4 órára hűtőbe tesszük, lefedve, mint korábban. Fedjük le fóliával (műanyag fóliával), és vágjuk kétszer, hogy a gőz távozhasson. Főzzük teljes erővel 20 percig, négyszer megfordítva az edényt. Nyissa ki az edényt, és fordítsa meg a csirkét. Fedjük le ismét fóliával, és főzzük teljes erővel további 7 percig. Tálalás előtt 5 percig állni hagyjuk.

Gyümölcsös és diós sajttorta

8-10 fő részére

Egy minőségi pékségben megtalálható kontinentális stílusú sajttorta.

45 ml/3 evőkanál szeletelt mandula (apróra vágva)

75g/3oz/2/3 csésze vaj

175 g zabpehely keksz (keksz) vagy emésztést elősegítő keksz (graham keksz)

2 csésze/1 font/450 g sima túró, főzési hőmérsékleten

125 g/4 oz/½ csésze porcukor (szuperfinom)

15 ml/1 evőkanál kukoricakeményítő (maizena)

3 tojás, főzési hőmérsékleten, felverve

½ lime vagy friss citrom leve

30 ml / 2 evőkanál mazsola

Tegye a mandulát egy tányérra, és fedetlenül pirítsa meg teljes teljesítményen 2-3 percig. Olvasszuk fel a vajat fedő nélkül, 2-2 1/2 percig felolvasztva. Egy 20 cm átmérőjű edényt jól kivajazunk, az alját és az oldalát beborítjuk a kekszmorzsával. A sajtot a többi hozzávalóval habosra keverjük, majd hozzákeverjük a mandulát és az olvasztott vajat. Egyenletesen elosztjuk a süteménymorzsával, és vékonyan letakarjuk papírtörlővel. Süssük kiolvasztáson 24 percig, négyszer fordítsuk meg az edényt. Vegye ki a mikrohullámú sütőből és hagyja kihűlni. Vágás előtt legalább 6 órával hűtsük le.

Kandírozott gyömbéres torta

8 fő részére

225 g/8 uncia/2 csésze magától kelő liszt (magától kelő)

10 ml/2 evőkanál. tk fűszerkeverék (almás pite)

125 g/4 uncia/½ csésze vaj vagy margarin, főzési hőmérséklet

125 g/4 uncia/½ csésze világosbarna cukor

100 g/4 oz/1 csésze apróra vágott kandírozott gyömbér szirupban

2 tojás, felvert

75 ml/5 evőkanál hideg tej

Porcukor (cukrászáru), porozáshoz

Egy 8/20 cm-es szuflét vagy hasonló egyenes edényt szorosan béleljünk ki fóliával (műanyag fóliával), hagyjuk, hogy kissé lelógjon a széléről. A lisztet és a fűszereket egy tálba szitáljuk. Finoman bedörzsöljük a vajat vagy a margarint. Villával hozzáadjuk a cukrot és a gyömbért, ügyelve arra, hogy egyenletesen eloszlassanak. A tojással és a tejjel puhára keverjük. Ha jól összekevertük, az elkészített edénybe öntjük, és papírtörlővel letakarjuk. Mikrohullámú sütőben 6½-7½ percig sütjük, amíg a sütemény jól felpuhul, és az oldala körül zsugorodni kezd. 15 percig állni hagyjuk. Tegye rácsra, tartsa a fóliát. Ha kihűlt, vedd le a fóliát, és tárold a tortát légmentesen záródó edényben.

Narancs kandírozott gyömbéres torta

8 fő részére

Készítsük el úgy, mint a kandírozott gyömbért, de adjuk hozzá egy kis narancs durvára reszelt héját a tojásokkal és a tejjel.

Diós mézes sütemény

8-10 fő részére

*Csillagtorta, tele édességgel és könnyedséggel. Görög származású,
ahol karithopitta néven ismerik. Az étkezés végén egy kávé mellé
tálaljuk.*

Az alaphoz:

100 g/3½ oz/½ csésze vaj, főzési hőmérsékleten

175 g/6 uncia/¾ csésze világosbarna cukor

4 tojás, főzési hőmérsékleten

5 ml/1 teáskanál vanília esszencia (kivonat)

10 ml/2 teáskanál szódabikarbóna (szódabikarbóna)

10 ml / 2 tk sütőpor

5 ml/1 teáskanál őrölt fahéj

75 g/3 uncia/¾ csésze sima liszt (minden célra)

75 g/3 uncia/¾ csésze kukoricaliszt (kukoricakeményítő)

100 g/3½ oz/1 csésze szeletelt mandula (szeletelve)

A sziruphoz:

200 ml/7 fl uncia/csak 1 csésze langyos víz

60 ml/4 evőkanál sötétbarna cukor

5 cm/2 egy darab fahéjrúdban

5 ml/1 teáskanál citromlé

2/3 csésze/5 uncia/150 g világos sötét méz

Díszítéshez:

60 ml/4 evőkanál apróra vágott vegyes dió

30 ml/2 evőkanál világos sötét méz

Az aljának elkészítéséhez egy 18 cm átmérőjű szuflé edény alját és oldalát szorosan béleljük ki fóliával, hagyjuk, hogy kissé kilógjon a széléről. A mandula kivételével az összes hozzávalót tedd egy robotgép tálba, és működtesd a gépet, amíg simára és egyenletesen elegyedik. Keverje hozzá röviden a mandulát, nehogy túlságosan összetörjön. A keveréket az elkészített edénybe kenjük, és papírtörlővel letakarjuk. Főzzük teljes erővel 8 percig, kétszer megforgatva az edényt, amíg a sütemény fel nem puffad, és a tetejét apró légbuborékok tarkítják. Hagyja pihenni 5 percig, majd fordítsa egy sekély tálba, és távolítsa el a fóliát.

A szirup elkészítéséhez tegye az összes hozzávalót egy kancsóba, és fedő nélkül főzze teljes teljesítményen 5-6 percig, vagy amíg a keverék buborékolni kezd. Óvatosan figyelje meg, nehogy túlcsorduljon. Hagyjuk állni 2 percig, majd fakanállal óvatosan keverjük össze, hogy az összetevők simára keveredjenek. Lassan öntsük a tortára, amíg az összes folyadék fel nem szívódik. Keverje össze a diót és a mézet egy kis edényben. Fedő nélkül melegítse teljes teljesítményen 1,5 percig. Kenjük vagy öntsük a torta tetejére.

Mézes és gyömbéres torta

10-12 fő részére

45 ml/3 evőkanál narancslekvár

225 g/8 uncia/1 csésze világos sötét méz

2 tojás

125 ml/4 fl oz/½ csésze kukorica- vagy napraforgóolaj

¼ teáskanál/150 ml/2/3 csésze langyos víz

250 g / 9 uncia / 2 bőséges csésze magától kelő liszt (magán kelő)

5 ml/1 teáskanál szódabikarbóna (szódabikarbóna)

3 teáskanál őrölt gyömbér

10 ml/2 evőkanál. őrölt szegfűbors

5 ml/1 teáskanál őrölt fahéj

Egy 7½ csésze/3-qt/1,75 literes mély szuflé edényt szorosan béleljünk ki fóliával (műanyag fóliával), hagyjuk, hogy egy kicsit a szélén lógjon. A lekvárt, a mézet, a tojást, az olajat és a vizet tedd egy robotgépbe, és dolgozd simára, majd kapcsold ki. Szitáljuk össze az összes többi hozzávalót, és öntsük a robotgép tálba. Járassa a gépet, amíg a keverék jól el nem keveredik. Az elkészített edénybe öntjük, és papírtörlővel enyhén letakarjuk. Süssük teljes erővel 10-10 1/2 percig, amíg a sütemény jól megpuhul, és a tetejét apró léglyukak borítják. Hagyjuk szinte teljesen kihűlni az edényben, majd a fóliát megfogva tegyük rácsra. Óvatosan húzzuk le a fóliát, és hagyjuk teljesen kihűlni. Vágás előtt légmentesen záródó edényben 1 napig tároljuk.

Gyömbéres szirupos torta

10-12 fő részére

Készítsd el úgy, mint a mézes gyömbéres tortát, de a mézet helyettesítsd aranysziruppal (világos kukorica).

Hagyományos mézeskalács

8-10 fő részére

Téli mese a legjobb fajtából, elengedhetetlen a Halloween és a Guy Fawkes partihoz.

175 g/6 uncia/1½ csésze sima liszt (minden célra)

15 ml / 1 evőkanál őrölt gyömbér

5 ml/1 teáskanál őrölt szegfűbors

10 ml/2 teáskanál szódabikarbóna (szódabikarbóna)

125 g/4 uncia/1/3 csésze aranyszirup (világos kukorica)

25 ml/1½ evőkanál blackstrap melasz (melasz)

30 ml/2 evőkanál sötétbarna cukor

45 ml/3 evőkanál disznózsír vagy fehér sütőzsír (rövidítés)

1 nagy tojás, felvert

60 ml/4 evőkanál hideg tej

Egy 15 cm átmérőjű szufléforma alját és oldalát szorosan béleljük ki ragasztófóliával (műanyag fóliával), hagyjuk, hogy nagyon kicsit kilógjon a széléből. A lisztet, a gyömbért, a szegfűborsot és a szódabikarbónát egy keverőtálba szitáljuk. Tegye a szirupot, a melaszt, a cukrot és a zsírt egy külön tálba, és fedő nélkül melegítse teljes teljesítményen 2½-3 percig, amíg a zsír el nem olvad. Jól keverjük össze. Villával keverjük össze a száraz hozzávalókat a tojással és a tejjel. Ha jól összekevertük, áttesszük az előkészített edénybe, és enyhén letakarjuk papírtörlővel. Főzzük teljes erővel 3-4 percig, amíg a mézeskalács jól megkelt, és egy csipetnyi fényes a teteje. 10 percig állni hagyjuk. Tegye rácsra, tartsa a fóliát. Húzzuk le a fóliát, és a mézeskalácsot légmentesen záródó edényben tároljuk 1-2 napig, mielőtt felvágnánk.

Narancsos mézeskalács

8-10 fő részére

Elkészítjük a hagyományos mézeskalácshoz hasonlóan, de hozzáadjuk egy kis narancs finomra reszelt héját a tojással és a tejjel.

Kávé és sárgabarack torta

8 fő részére

4 digestive keksz (graham cracker), finomra törve

8 oz/1 csésze vaj vagy margarin, főzési hőmérséklet

225 g/8 uncia/1 csésze sötétbarna cukor

4 tojás, főzési hőmérsékleten

225 g/8 uncia/2 csésze magától kelő liszt (magától kelő)

75 ml/5 evőkanál kávé és cikória esszencia (kivonat)

1 nagy doboz 425 g fél kajszibarack, lecsepegtetve

½ pt/1¼ csésze/300 ml dupla tejszín (sűrű)

90 ml/6 evőkanál reszelt mandula (szeletelt), pirított

Két sekély, 20 cm átmérőjű edényt kenjünk meg olvasztott vajjal, majd béleljük ki az alját és az oldalát a süteménymorzsával. A vajat vagy a margarint és a cukrot habosra keverjük. A tojásokat egyenként verjük fel, mindegyikhez adjunk 15 ml/1 evőkanál lisztet. Adja hozzá a maradék lisztet felváltva 45 ml/3 evőkanál kávéesszenciával. Egyenletesen eloszlatjuk az elkészített edényekben, és lazán letakarjuk papírtörlővel. Főzzük egyenként, teljes teljesítményen 5 percig. 5 percig hagyjuk hűlni a serpenyőkben, majd fordítsuk rácsra. Vágj fel hármat a sárgabarackok közül, a többit pedig foglald le. A tejszínt a maradék kávéesszenciával kemény habbá verjük. Vegyünk a tejszín körülbelül negyedét, és keverjük bele az apróra vágott sárgabarackot. Használja a sütemények összerakásához. A maradék krémmel bekenjük a tetejét és az oldalát is.

Ananász rumos torta

8 fő részére

Készítsd el úgy, mint a kávés sárgabarack tortát, de hagyd ki a sárgabarackot. A tejszínt kávéesszencia (kivonat) helyett 30 ml/2 evőkanál sötét rummal ízesítjük. A krém háromnegyedébe 2 db apróra vágott ananászkonzerv karikát keverünk, és a torták összerakásához használjuk. A tetejét és az oldalát bekenjük a maradék krémmel, majd félbevágott ananászszeletekkel díszítjük.

Goujon ízlés szerint mázas zöld és sárga cseresznyével (kandírozott).

Gazdag karácsonyi torta

1 nagy családi tortát készít

Luxus torta, tele karácsonyi pompával és jól lemosva alkohollal. Tartsa sima, vagy vonja be marcipánnal (marcipán) és fehér cukormázzal (jegesedés).

200 ml/7 uncia/alig 1 csésze édes sherry

75 ml/5 evőkanál konyak

5 ml/1 tk. tk fűszerkeverék (almás pite)

5 ml/1 teáskanál vanília esszencia (kivonat)

10 ml/2 teáskanál sötétbarna cukor

350 g/12 uncia/2 csésze vegyes aszalt gyümölcs (gyümölcstorta keverék)

15 ml/1 evőkanál apróra vágott vegyes kéreg

15 ml/1 evőkanál kandírozott piros cseresznye

50 g/2 oz/1/3 csésze szárított sárgabarack

50 g/2 uncia/1/3 csésze apróra vágott datolya

1 kis narancs finomra reszelt héja

2 oz/½ csésze/50 g darált dió

125 g/4 oz/½ csésze sózatlan vaj (édesített), olvasztott

175 g/6 uncia/¾ csésze sötétbarna cukor

125 g/4 oz/1 csésze magától kelő liszt (magától kelő)

3 kis tojás

Tegye a sherryt és a brandyt egy nagy keverőtálba. Fedjük le egy tányérral, és főzzük nagy teljesítményen 3-4 percig, amíg a keverék elkezd buborékolni. Adjuk hozzá a fűszereket, a vaníliát, 10 ml/2 ek. barna cukor, szárított gyümölcs, vegyes kéreg, cseresznye, sárgabarack, datolya, narancshéj és dió. Jól összekeverni. Lefedjük egy tányérral, és lassú tűzön melegítjük, majd négyszer megkeverve 15 percig felengedjük. Egy éjszakán át állni hagyjuk, hogy az ízek beérjenek. Egy 20 cm átmérőjű szufléformát szorosan kibélelünk fóliával (műanyag fóliával), hagyjuk, hogy kissé kilógjon a szélén. A vajat, a barna cukrot, a lisztet és a tojást a torta keverékhez keverjük. Az elkészített edénybe öntjük, és papírtörlővel enyhén letakarjuk. Süssük kiolvasztáson 30 percig, négyszer megfordítva. 10 percig állni hagyjuk a mikrohullámú sütőben. Langyosra hűtjük, majd a fóliát megfogva óvatosan áttesszük rácsra. Távolítsa el a fóliát, amikor a sütemény kihűlt. Tároláshoz dupla vastagságú (viaszos) sütőpapírba csomagoljuk, majd ismét alufóliába csomagoljuk. Kb. 2 hétig hűtőben tároljuk letakarás és üvegezés előtt. dupla réteg pergament (viaszos) papírba csomagoljuk, majd ismét alufóliába csomagoljuk. Kb. 2 hétig hűtőben tároljuk letakarás és üvegezés előtt. dupla réteg pergament (viaszos) papírba csomagoljuk, majd ismét alufóliába csomagoljuk. Kb. 2 hétig hűtőben tároljuk letakarás és üvegezés előtt.

Gyors Simnel torta

1 nagy családi tortát készít

Kövesse a gazdag karácsonyi sütemény receptjét, és tárolja 2 hétig. A tálalás előtti napon kettévágjuk a tortát, hogy két réteg legyen. Kenje meg mindkét vágott oldalát olvasztott baracklekvárral (konzervált), a szendvicset pedig 225–300 g/8–11 oz marcipánnal

(marcipánnal) vastag kör alakúra sodorva. Díszítsd a tetejét boltban vásárolt miniatűr húsvéti tojásokkal és csibékkel.

225 g/8 uncia/2 csésze magától kelő liszt (magától kelő)
125 g/4 uncia/½ csésze vaj vagy margarin
175 g/6 uncia/¾ csésze világosbarna cukor
1 citrom finomra reszelt héja

10-20 ml/2-4 tk kömény

10 ml/2 tk reszelt szerecsendió

2 tojás, felvert

¼ pt/2/3 csésze/150 ml hideg tej

5 evőkanál/75 ml porcukor, átszitálva

10-15 ml/2-3 tk citromlé

Egy 20 cm átmérőjű szufléforma alját és oldalát szorosan béleljük ki fóliával (műanyag fóliával), hagyjuk, hogy kissé kilógjon a szélén. A lisztet szitáljuk egy tálba, és kenjük el vajjal vagy margarinnal. Adjuk hozzá a barna cukrot, a citromhéjat, a köménymagot és a szerecsendiót, majd villával keverjük össze a tojást és a tejet, hogy sima és meglehetősen lágy tésztát kapjunk. Tegyük az elkészített edénybe, és lazán takarjuk le papírtörlővel. Főzzük teljes erővel 7-8 percig, az edényt kétszer megfordítva, amíg a sütemény fel nem éri az edény tetejét, és a felületét apró lyukak tarkítják. Hagyja állni 6 percig, majd fordítsa rácsra. Amikor teljesen kihűlt, távolítsa el a fóliát, majd fordítsa meg a tortát jobb oldalával felfelé. Keverjük össze a porcukrot és a citromlevet, hogy sűrű masszát kapjunk. A torta tetejére kenjük.

8 fő részére

225 g/8 uncia/2 csésze magától kelő liszt (magától kelő)

10 ml/2 evőkanál. tk fűszerkeverék (almás pite)

125 g/4 uncia/½ csésze vaj vagy margarin

125 g/4 uncia/½ csésze világosbarna cukor

175 g/6 uncia/1 csésze vegyes aszalt gyümölcs (gyümölcstorta keverék)

2 tojás

75 ml/5 evőkanál hideg tej

75 ml/5 evőkanál porcukor

Szorosan kibélelünk egy 18 cm átmérőjű szufléformát ragasztófóliával (műanyag fóliával), hagyjuk, hogy kissé kilógjon a széléből. A lisztet és a fűszereket egy tálba szitáljuk, majd vajjal vagy margarinnal bedörzsöljük. Adjunk hozzá cukrot és szárított gyümölcsöket. A tojást és a tejet habosra keverjük, majd beleöntjük a száraz hozzávalókat, villával simára és puhára keverjük. Az elkészített edénybe öntjük, és papírtörlővel enyhén letakarjuk. Mikrohullámú sütőben 6½-7 percig sütjük, amíg a sütemény jól felpuhul, és éppen el nem kezd távolodni a tepsi szélétől. Vegye ki a mikrohullámú sütőből, és hagyja állni 10 percig. Tegye rácsra, tartsa a fóliát. Amikor teljesen kihűlt,

Datolya és diótorta

8 fő részére

Készítsd el úgy, mint az egyszerű gyümölcstortát, de az aszalt gyümölcsöt cseréld le apróra vágott datolya és dió keverékével.

répa torta

8 fő részére

Az egykor paradicsomi süteménynek nevezett transzatlanti import

már évek óta velünk van, és soha nem veszíti el vonzerejét.

A tortához:

3-4 sárgarépa, kockákra vágva

50 g/2 oz/½ csésze darált dió

50 g/2 oz/½ csésze apróra vágott datolya egy zacskóban, cukorba forgatva

175 g/6 uncia/¾ csésze világosbarna cukor

2 nagy tojás, főzési hőmérsékleten

6 fl oz/¾ csésze napraforgóolaj

5 ml/1 teáskanál vanília esszencia (kivonat)

30 ml/2 evőkanál hideg tej

150 g/5 uncia/1¼ csésze sima liszt (minden célra)

5 ml/1 teáskanál sütőpor

4 ml/¾ teáskanál szódabikarbóna (szódabikarbóna)

5 ml/1 tk. tk fűszerkeverék (almás pite)

A krémsajt cukormázhoz:

175 g/6 uncia/¾ csésze teljes krémsajt, főzési hőmérsékleten

5 ml/1 teáskanál vanília esszencia (kivonat)

75 g/3 oz/½ csésze porcukor (cukrászáru), átszitálva

15 ml/1 evőkanál frissen facsart citromlé

A torta elkészítéséhez egy 20 cm-es kerek, mikrohullámú sütőben használható formát kikenünk olajjal, az alját pedig tapadásmentes sütőpapírral béleljük ki. Tegye a sárgarépát és a diódarabokat turmixgépbe vagy konyhai robotgépbe, és működtesse a gépet, amíg mindkettőt durvára aprítja. Tedd egy tálba, és keverd hozzá a datolyát, a cukrot, a tojást, az olajat, a vanília esszenciát és a tejet. A száraz hozzávalókat szitáljuk össze, majd villával keverjük a sárgarépás keverékhez. Tegye át az előkészített serpenyőbe. Fedjük le fóliával (műanyag fóliával), és vágjuk kétszer, hogy a gőz távozhasson. Főzzük teljes erővel 6 percig, háromszor megfordítva. 15 percig pihentetjük, majd rácsra öntjük. Távolítsa el a papírt.

A krémsajt cukormáz elkészítéséhez a sajtot simára verjük. Adjuk hozzá a többi hozzávalót, és enyhén verjük simára. Vastag rétegben a torta tetejére kenjük.

Paszternák torta

8 fő részére

Készítsük el úgy, mint a répatortát, de a sárgarépát 3 kisebb paszternákra cseréljük.

Sütőtök torta

8 fő részére

Készítsd el úgy, mint a répatortát, de cseréld ki a sárgarépát hámozott sütőtökre, és hagyj egy közepes szeletet, amely körülbelül 175 g magozott húst eredményez. Cserélje ki a sötétbarna cukrot

181

világos barna cukorral, a szegfűborsot pedig a fűszerkeverékkel (almás pite).

8 fő részére

A kardamomot széles körben használják a skandináv sütőiparban, és ez a sütemény az északi félteke egzotikumának tipikus példája.

Próbálja ki a helyi etnikai élelmiszerboltot, ha gondjai vannak az őrölt kardamom beszerzésével.

A tortához:

175 g/6 uncia/1½ csésze magától kelő liszt (magán kelő)

2,5 ml/½ teáskanál sütőpor

2/3 csésze/75 g vaj vagy margarin, főzési hőmérsékleten

75 g/3 uncia/2/3 csésze világosbarna cukor

10 ml/2 teáskanál őrölt kardamom

1 tojás

Hideg tej

Díszítéshez:

30 ml/2 evőkanál reszelt mandula (szeletelt), pirított

30 ml/2 evőkanál világosbarna cukor

5 ml/1 teáskanál őrölt fahéj

Béleljen ki egy 16,5 cm átmérőjű mély edényt fóliával (műanyag fóliával), és hagyja, hogy kissé kilógjon a széléről. A lisztet és a sütőport szitáljuk egy tálba, és finoman keverjük hozzá a vajat vagy a margarint. Adjunk hozzá cukrot és kardamomot. Verjük fel a tojást egy mérőedénybe, és töltsük fel 150 ml-re/¼ pt/2/3 csésze tejjel. A száraz hozzávalókat villával jól összekeverjük, de kerüljük a verést. Az elkészített edénybe öntjük. Az öntet hozzávalóit összedolgozzuk, és a tortára szórjuk. Fedjük le fóliával, és vágjuk kétszer, hogy a gőz távozhasson. Főzzük teljes erővel 4 percig, kétszer megfordítva. 10 percig pihentetjük, majd óvatosan tegyük rácsra a fóliát tartva. Óvatosan húzzuk le a fóliát, amikor a torta kihűlt.

Gyümölcstea kenyér

8 szeletet készít

225 g/8 uncia/1 1/3 csésze vegyes aszalt gyümölcs (gyümölcstorta keverék)

100 g/3 ½ oz/½ csésze sötétbarna cukor

30 ml/2 evőkanál hideg erős fekete tea

100 g / 4 oz / 1 csésze magától kelő teljes kiőrlésű liszt (önmagától kelő)

5 ml/1 teáskanál őrölt szegfűbors

1 tojás, főzési hőmérsékleten, felverve

8 egész mandula, blansírozva

30 ml/2 evőkanál aranyszirup (világos kukorica)

Vaj, kenhető

Egy 15 cm átmérőjű szufléforma alját és oldalát szorosan béleljük ki fóliával (műanyag fóliával), hagyjuk, hogy kissé kilógjon az oldalára. Tedd egy tálba a gyümölcsöt, a cukrot és a teát, fedd le egy tányérral, és főzd teljes erővel 5 percig. A lisztet, a szegfűborsot és a tojást villával elkeverjük, majd az elkészített edénybe tesszük. A tetejére elrendezzük a mandulát. Lazán letakarjuk papírtörlővel, és kiolvasztás üzemmódban 8-9 percig sütjük, amíg a sütemény jól megpuhul, és el nem kezd leválni a tepsi széleitől. 10 percig pihentetjük, majd a fóliát megfogva tegyük rácsra. A szirupot egy csészében felmelegítjük, 1,5 percig kiolvasztjuk. A tortáról levesszük a fóliát, a tetejét megkenjük a felmelegített sziruppal. Szeletelve és kivajazva tálaljuk.

Victoria szendvicstorta

8 fő részére

175 g/6 uncia/1½ csésze magától kelő liszt (magán kelő)

6 oz/¾ csésze/175 g vaj vagy margarin, főzési hőmérsékleten

175 g/6 oz/¾ csésze porcukor (szuperfinom)

3 tojás, főzési hőmérsékleten

45 ml/3 evőkanál hideg tej

45 ml/3 evőkanál lekvár (tartani)

120 ml / 4 fl oz / ½ csésze dupla (nehéz) vagy tejszínhab, felvert

Porcukor (cukrászáru), szitálva, porozáshoz

Bélelje ki két sekély, 20 cm átmérőjű edény alját és oldalát fóliával (műanyag fóliával), és hagyja, hogy kissé kilógjon a széléről. Szitáljuk a lisztet egy tányérra. A vajat vagy a margarint és a cukrot addig keverjük, amíg a keverék világos és habos nem lesz, és tejszínhab állaga nem lesz. A tojásokat egyenként verjük fel, mindegyikhez adjunk 15 ml/1 evőkanál lisztet. Egy nagy fémkanállal felváltva adjuk hozzá a maradék lisztet a tejjel. Egyenletesen kanalazzuk az elkészített edényekbe. Lazán takarjuk le papírtörlővel. Főzd egyenként teljes teljesítményen 4 percig. Hagyjuk langyosra hűlni, majd fordítsuk rácsra. Húzzuk le a fóliát, és hagyjuk teljesen kihűlni.

Diós sütemény

8 fő részére

175 g/6 uncia/1½ csésze magától kelő liszt (magán kelő)

6 oz/¾ csésze/175 g vaj vagy margarin, főzési hőmérsékleten

5 ml/1 teáskanál vanília esszencia (kivonat)

175 g/6 oz/¾ csésze porcukor (szuperfinom)

3 tojás, főzési hőmérsékleten

50 g/2 oz/½ csésze dió, apróra vágva

45 ml/3 evőkanál hideg tej

2 adag vajkrémes cukormáz

16 fél dió, díszítéshez

Bélelje ki két sekély, 20 cm átmérőjű edény alját és oldalát fóliával (műanyag fóliával), és hagyja, hogy kissé kilógjon a széléről. Szitáljuk a lisztet egy tányérra. A vajat vagy a margarint, a vanília esszenciát és a cukrot habosra keverjük addig, amíg a keverék világos és habos, tejszínhab állaga nem lesz. A tojásokat egyenként verjük fel, mindegyikhez adjunk 15 ml/1 evőkanál lisztet. Egy nagy fémkanállal a tejjel felváltva keverjük hozzá a diót a maradék liszttel. Egyenletesen kanalazzuk az elkészített edényekbe. Lazán takarjuk le papírtörlővel. Főzd egyenként teljes teljesítményen 4 és fél percig. Hagyjuk langyosra hűlni, majd fordítsuk rácsra. Húzzuk le a fóliát, és hagyjuk teljesen kihűlni. Szendvics a cukormáz felével (máz), és a torta tetejét a maradékkal.

Szentjánoskenyér torta

8 fő részére

Készítsünk úgy, mint a Victoria szendvicstortánál, de 25 g/1 uncia/¼ csésze kukoricalisztet (kukoricakeményítőt) és 25 g szentjánoskenyérport 50 g/2 uncia/½ csésze liszttel helyettesítsünk. Szendvics tejszínnel és/vagy konzerv vagy friss gyümölccsel. Adjon hozzá 5 ml/1 teáskanál vaníliaesszenciát (kivonatot) a krém hozzávalóihoz, ha szükséges.

könnyű csokitorta

8 fő részére

Készítsünk úgy, mint a Victoria szendvicstortánál, de 50 g/2 uncia/½ csésze liszt helyett 25 g/1 uncia/¼ csésze kukoricalisztet (kukoricakeményítőt) és 25 g/1 uncia/¼ csésze kakaóport (cukrozatlan csokoládé) használjunk. Szendvics tejszínnel és/vagy csokis kenéssel.

Mandulás torta

8 fő részére

Készítse el úgy, mint a Victoria Sandwich Cake-nél, de helyettesítse 40 g 3 evőkanál őrölt mandulát ugyanannyi liszt helyett. Ízesítse a krém hozzávalóit 2,5–5 ml/½–1 evőkanál. mandula esszencia (kivonat). Szendvics krémes baracklekvárral (befőtt) és egy vékony szelet marcipánnal (marcipán).

Victoria szendvicstorta

8 fő részére

Készítsd el úgy, mint a Victoria Sandwich Cake-t vagy valamelyik változatot. Szendvics tejszínes vagy vajkrémes cukormázzal (icing) és/vagy lekvárral (konzerv), csokikrémmel, mogyoróvajjal, narancs- vagy citromtúróval, narancslekvárral, gyümölcskonzerv töltelékkel, mézzel vagy marcipánnal (marcipán). Tetejét és oldalát kenjük be tejszínnel vagy vajkrémes cukormázzal. Friss vagy kandírozott gyümölccsel, dióval vagy drazsékkal díszítjük. A még gazdagabb süteményhez a feltöltés előtt minden sült réteget kettévágunk, összesen négy rétegre.

Óvodai teás piskóta

6 szeletet készít

75 g/3 uncia/2/3 csésze porcukor (szuperfinom)
3 tojás, főzési hőmérsékleten
75 g/3 uncia/¾ csésze sima liszt (minden célra)
90 ml/6 evőkanál dupla (nehéz) vagy habtejszín, felverve
45 ml/3 evőkanál lekvár (tartani)
Porcukor (surfin), szóráshoz

Egy 18 cm átmérőjű szuflatál alját és oldalát béleljük ki fóliával (műanyag fóliával), hagyjuk, hogy kissé kilógjon a szélén. Tegye a cukrot egy tálba, és fedő nélkül melegítse 30 másodpercig a Kiolvasztáson. Hozzáadjuk a tojásokat, és addig verjük, amíg a keverék tejszínhab állagúra habosodik és besűrűsödik. Vágja fel, és óvatosan, finoman keverje bele a lisztet egy fémkanállal. Ne verje és ne keverje. Ha az összetevők jól összeálltak, tegyük át az elkészített edénybe. Lazán takarjuk le papírtörlővel, és főzzük nagy teljesítményen 4 percig. 10 percig pihentetjük, majd a fóliát megfogva tegyük rácsra. Ha kihűlt, húzzuk le a fóliát. Vágjuk félbe, és szendvicsre tesszük tejszínnel és lekvárral.

Citromos piskóta

6 szeletet készít

Készítse el úgy, mint a Nursery Tea piskótát, de adjon hozzá 2 tk/10 ml-t. finomra reszelt citromhéjat a felmelegített tojás-cukor keverékhez közvetlenül a liszt hozzáadása előtt. Szendvics citromkrémmel és zsíros tejszínnel.

Narancsos piskóta

6 szeletet készít

Készítse el úgy, mint a Nursery Tea piskótát, de adjon hozzá 2 tk/10 ml-t. a finomra reszelt narancshéjat a felmelegített tojás-cukros keverékhez közvetlenül a liszt hozzáadása előtt. Szendvics csokoládéval és tejszínnel.

Espresso kávé torta

8 fő részére

250 g/8 uncia/2 csésze magától kelő liszt (magától kelő)

15 ml/1 evőkanál/2 tasak instant eszpresszó kávépor

125 g/4 uncia/½ csésze vaj vagy margarin

125 g/4 uncia/½ csésze sötétbarna cukor

2 tojás, főzési hőmérsékleten

75 ml/5 evőkanál hideg tej

Egy 18 cm átmérőjű szuflaforma alját és oldalát béleljük ki fóliával (műanyag fóliával), hagyjuk, hogy kissé kilógjon a szélén. A lisztet és a kávéport szitáljuk egy tálba, és kenjük el vajjal vagy margarinnal. Adjuk hozzá a cukrot. A tojásokat és a tejet jól felverjük, majd villával egyenletesen a száraz hozzávalókhoz keverjük. Az elkészített edénybe öntjük, és papírtörlővel enyhén letakarjuk. Mikrohullámú sütőben 6½-7 percig sütjük, amíg a sütemény jól felpuhul, és éppen el nem kezd távolodni a tepsi szélétől. 10 percig állni hagyjuk. Tegye rácsra, tartsa a fóliát. Amikor teljesen kihűlt, távolítsa el a fóliát, és tárolja a tortát légmentesen záródó edényben.

8 fő részére

Készítse elő az eszpresszó kávé süteményt. Körülbelül 2 órával a tálalás előtt készítsen sűrű fagyasztott cukormázt úgy, hogy 1 csésze/6 uncia/175 g porcukrot (tészta) annyi narancslével összekever, hogy pasztaszerű cukormázat kapjon. A torta tetejére kenjük, majd díszítjük reszelt csokoládéval, apróra vágott dióval, százas-ezres stb.

Espresso krémes pite

8 fő részére

Készítse elő a presszókávé tortát, és vágja két rétegre. ½ teáskanál/1¼ csésze/300 ml dupla (nehéz) tejszínt 4 evőkanál/60 ml hideg tejjel sűrűsödésig felverünk. Édesítse 45 ml/3 evőkanál porcukorral (szuperfinom), és ízlés szerint ízesítse eszpresszó kávéporral. Használjon néhány réteget szendvicsbe, majd a többit kenje meg vastagon a torta tetejére és oldalára. A tetejét szórjuk meg mogyoróval.

Mazsola cupcakes

Adj 12-t

125 g/4 oz/1 csésze magától kelő liszt (magától kelő)

2 oz/¼ csésze/50 g vaj vagy margarin

50 g/2 uncia/¼ csésze porcukor (szuperfinom)

30 ml / 2 evőkanál mazsola

1 tojás

30 ml/2 evőkanál hideg tej

2,5 ml/½ teáskanál vanília esszencia (kivonat)

Porcukor (cukrászáru), porozáshoz

A lisztet szitáljuk egy tálba, és finomra dörzsöljük bele a vajat vagy a margarint. Adjunk hozzá cukrot és mazsolát. A tojást felverjük a tejjel és a vanília esszenciával, majd villával beledolgozzuk a száraz hozzávalókat, habverés nélkül keverjük össze, hogy lágy tésztát kapjunk. Osszuk el 12 papír tortaforma (cukorpapír) között, és tegyünk egyszerre hatot a mikrohullámú sütő forgótányérjára. Lazán takarjuk le papírtörlővel. Főzzük teljesen 2 percig. Tegyük rácsra hűlni. Meghintjük hidegen szitált porcukorral. légmentesen záródó edényben tároljuk.

Kókuszos cupcakes

Adj 12-t

Készítse el úgy, mint a mazsolás süteményt, de 1½ teáskanál/25 ml helyett cserélje ki mazsolával. szárított kókuszdió (reszelve), és növelje a tej mennyiségét 25 ml/1½ tk.

Csokis keksz

Adj 12-t

Készítse el úgy, mint a mazsolát, de helyettesítse a mazsolát 2 evőkanál/30 ml-rel. csokoládé chips.

Banános fűszertorta

8 fő részére

3 nagy érett banán

*¾ csésze / 6 uncia / 175 g kevert margarin és zsiradék, főzési
hőmérsékleten*

175 g/6 uncia/¾ csésze sötétbarna cukor

10 ml / 2 tk sütőpor

5 ml/1 teáskanál őrölt szegfűbors

225 g/8 uncia/2 csésze malátázott barna liszt, például magtár

1 nagy tojás, felvert

15 ml/1 evőkanál apróra vágott pekándió

100 g/4 uncia/2/3 csésze apróra vágott datolya

Egy 20 cm átmérőjű szufléforma alját és oldalát szorosan béleljük
ki fóliával (műanyag fóliával), hagyjuk, hogy kissé kilógjon a
szélén. A banánt meghámozzuk, és egy tálban óvatosan pépesítjük.
Adjuk hozzá mindkét zsírt. Keverjük össze a cukrot. A sütőport és a
szegfűborsot összekeverjük a liszttel. Villával a banános
keverékhez keverjük a tojással, dióval és datolyával. Óvatosan
eloszlatjuk az elkészített edényben. Lazán takarja le papírtörlővel,
és főzze nagy teljesítményen 11 percig, háromszor megfordítva az
edényt. 10 percig állni hagyjuk. Tegye rácsra, tartsa a fóliát. Hagyja

teljesen kihűlni, majd távolítsa el a fóliát, és tárolja a süteményt
légmentesen záródó edényben.

Banán fűszertorta ananászos cukormázzal

8 fő részére

Elkészítjük a banános fűszertortát. Körülbelül 2 órával a tálalás
előtt fedje be a süteményt egy vastag cukormázzal, amelyet úgy
készítenek, hogy 175 g/6 oz/1 csésze porcukrot (tésztacukrot)
szitálunk egy tálba, és néhány csepp ananászlével pépes krémmé
keverjük. Ha megszilárdult, szárított banánszeletekkel díszítjük.

Vajkrémes fagyos

225 g/8 uncia/1 csésze

75 g/3 uncia/1/3 csésze vaj, főzési hőmérsékleten
1 csésze/6 uncia/175 g porcukor (cukrászáru), szitálva
10 ml/2 teáskanál hideg tej
5 ml/1 teáskanál vanília esszencia (kivonat)
Porcukor (cukrászáru), porozáshoz (opcionális)

A vajat habosra verjük, majd fokozatosan keverjük hozzá a cukrot,
amíg világos, habos és duplájára nő. Keverjük hozzá a tejet és a
vanília esszenciát, és verjük a cukormázzal simára és sűrűre.

Csokoládé Caramel Frosting

12 uncia/350 g 1½ csésze

Amerikai stílusú cukormáz (fagyás), amely bármilyen közönséges sütemény feltétére alkalmas.

30 ml/2 evőkanál vaj vagy margarin

60 ml/4 evőkanál tej

30 ml/2 evőkanál kakaópor (cukrozatlan csokoládé)

5 ml/1 teáskanál vanília esszencia (kivonat)

300 g/10 uncia/12/3 csésze porcukor, átszitálva

Tedd egy tálba a vajat vagy a margarint, a tejet, a kakaót és a vanília esszenciát. Fedő nélkül, kiolvasztással főzzük 4 percig, amíg forró és a zsír elolvad. Addig keverjük az átszitált porcukrot, amíg a cukormáz sima és elég sűrű nem lesz. Azonnal használd.

Adj 8-at

100 g/3½ oz szárított almakarikák
75 g/3 oz/¾ csésze magától kelő teljes kiőrlésű liszt
75 g/3 uncia/¾ csésze hengerelt zab
75g/3oz/2/3 csésze margarin
75 g/3 uncia/2/3 csésze sötétbarna cukor
6 kaliforniai aszalt szilva apróra vágva

Áztassuk az almakarikákat vízbe egy éjszakára. Egy sekély, 18 cm-es edény alját és oldalát szorosan bélelje ki fóliával (műanyag fóliával), hagyja, hogy kissé lelógjon a széléről. A lisztet és a zabpelyhet egy tálba tesszük, hozzáadjuk a margarint, és ujjbeggyel finomra dörzsöljük. Hozzákeverjük a cukrot, hogy omlós keveréket kapjunk. Az elkészített edény aljára kenjük a felét. Az almakarikákat leszűrjük és feldaraboljuk. Finoman nyomkodd rá az aszalt szilvát a zabpehely keverékre. A maradék zabpehely keveréket egyenletesen szórjuk a tetejére. Fedő nélkül, teljes teljesítményen főzzük 5½-6 percig. Hagyjuk teljesen kihűlni az edényben. Emelje fel, miközben tartja a fóliát, majd lehúzzuk a fóliát és negyedekre vágjuk. légmentesen záródó edényben tároljuk.

Gyümölcsös sárgabarack egészségügyi ékek

Adj 8-at

Készülj fel, mint a Gyümölcsös Egészség ékeknél, de

cserélje ki az aszalt szilvát 6 jól megmosott szárított sárgabarackkal.

homok

12 éket alkot

8 oz/1 csésze sótlan vaj (sózatlan), főzési hőmérsékleten
125 g/4 uncia/½ csésze porcukor (szuperfinom), plusz extra a
porozáshoz
350 g sima liszt (minden célra)

Egy 20 cm átmérőjű mély edényt kivajazunk és megolvasztunk. A vajat és a cukrot habosra keverjük, majd a lisztet simára és egyenletesre keverjük. Óvatosan kenjük az elkészített edénybe, és villával szurkáljuk meg az egészet. Fedő nélkül, olvadáson 20 percig sütjük. Vegyük ki a mikrohullámú sütőből és szórjuk meg 15 ml/1 evőkanál porcukorral. Még kissé melegen 12 szeletre vágjuk. Óvatosan áthelyezzük egy rácsra, és hagyjuk teljesen kihűlni. légmentesen záródó edényben tároljuk.

Extra ropogós omlós tészta

12 éket alkot

Készítse el úgy, mint az omlós tészta esetében, de 25 g búzadarát (búzakrém) cseréljen ki 25 g/1 uncia/¼ csésze lisztre.

Extra krémes omlós tészta

12 éket alkot

Készítse el ugyanúgy, mint az omlós tészta esetében, de cserélje ki 1 oz/¼ csésze/25 g kukoricalisztet (kukoricakeményítőt) 1 uncia/¼ csésze/25 g lisztre.

Fűszeres omlós tészta

12 éket alkot

Elkészítjük, mint az omlós tésztát, de 10 ml/2 ek. fűszereket (almás pite) összekeverjük a liszttel.

Holland omlós tészta

12 éket alkot

Úgy készítsük el, mint az omlós tésztát, de a szokásos liszt helyett cseréljük ki a magától kelő (magán kelő) lisztet, és szitáljunk át 2 ek. őrölt fahéjat a liszttel. Sütés előtt kenjük be a tetejét 15-30 ml/1-

2 evőkanál. krémet, majd óvatosan rányomkodjuk az enyhén pirított
szeletelt (szeletelt) mandulát.

Adj 20-at

*A húsvéti különlegesség, a keksz (süti) és a sütemény keresztezése,
amely úgy tűnik, jobban viselkedik a mikrohullámú sütőben, mint a
hagyományos főzés során.*

2 nagy tojásfehérje
125 g/4 oz/½ csésze porcukor (szuperfinom)
30 ml/2 evőkanál őrölt fahéj
225 g/8 uncia/2 csésze őrölt mandula
Porcukor (cukrászáru) szitálva

A tojásfehérjéket habosra verjük, majd hozzáadjuk a cukrot, a
fahéjat és a mandulát. Nedves kézzel 20 golyót formázunk.
Rendezzük két karikára, az egyiket a másikba, egy nagy lapos
tányér széle köré. Fedő nélkül, 8 percig főzzük, négyszer
megfordítva a serpenyőt. Alig melegen hagyjuk kihűlni, majd
forgassuk meg porcukorban, amíg jól be nem vonódik. Hagyja
teljesen kihűlni, és légmentesen záródó edényben tárolja.

Golden Brandy Snaps

14-et ad

Meglehetősen nehéz hagyományosan elkészíteni, ezek úgy
működnek, mint egy álom a mikrohullámú sütőben.

50g/2oz/¼ csésze vaj
2 oz/50 g/1/6 csésze aranyszirup (világos kukorica)
40 g/1½ uncia/3 evőkanál arany porcukor
40 g/1½ oz/1½ evőkanál malátázott barnaliszt, magtár típusú
2,5 ml/½ teáskanál őrölt gyömbér
¼ pt/2/3 csésze/150 ml dupla (nehéz) vagy tejszínhab, felvert

Tegye a vajat egy edénybe, és fedő nélkül olvassa fel a
Kiolvasztáson 2-2 és fél percig. Adjunk hozzá szirupot és cukrot, és
jól keverjük össze. Fedő nélkül, teljes erővel főzzük 1 percig.
Belekeverjük a lisztet és a gyömbért. Helyezzen négy 5 ml/1
teáskanálnyi adagolókanálnyi keveréket egymástól nagyon jó
távolságra közvetlenül a mikrohullámú sütő üvegére vagy műanyag
forgótányérjára. Főzzük teljes erővel 1 ½–1 ¾ percig, amíg a
konyak barnulni kezd, és csipkéhez hasonlít a tetején. Óvatosan
emelje ki a forgótányért a mikrohullámú sütőből, és hagyja állni a

sütiket 5 percig. Emelje fel mindegyiket felváltva egy palettakéssel. Tekerjük körbe egy nagy fakanál nyelét. Nyomja meg az ízületeket az ujjbegyével, és csúsztassa a kanál edényének végéhez. Ismételje meg a maradék három sütivel. Ha megszilárdul, távolítsa el őket a fogantyúról, és helyezze át őket egy huzalos hűtőrácsra. Ismételje meg, amíg a maradék keverék el nem fogy. Tárolja légmentesen záródó edényben. Fogyasztás előtt öntsünk kemény tejszínt minden konyak mindkét végébe, és fogyasszuk el még aznap, amikor állni hagyjuk.

Csokoládé Brandy Snaps

14-et ad

Készülj fel, mint a Golden Brandy Snapsre. A tejszínnel való megtöltés előtt tegyük egy tepsire, és kenjük be a tetejét olvasztott ét- vagy fehér csokoládéval. Hagyjuk dermedni, majd adjuk hozzá a tejszínt.

Zsemle pogácsa

Körülbelül 8-at tesz ki

Félúton a zsemle és a pogácsa között kivételesen könnyűek, és még melegen is finom csemege, vajjal megkenve és választható lekvárral (konzerv) vagy hangamézzel.

225 g/8 uncia/2 csésze teljes kiőrlésű liszt
5 ml/1 teáskanál tartárkrém
5 ml/1 teáskanál szódabikarbóna (szódabikarbóna)
1,5 ml/¼ teáskanál só
20 ml/4 tk porcukor (surfin)
25 g/1 uncia/2 evőkanál vaj vagy margarin
¼ pt/2/3 csésze/150 ml író, vagy helyettesítse fél natúr joghurt és fél sovány tej keverékével, ha nem áll rendelkezésre
Felvert tojás, lekenéshez
További 5 ml/1 teáskanál cukor keverve 2,5 ml/½ teáskanál őrölt fahéjjal, a porozáshoz

Egy tálba szitáljuk össze a lisztet, a tartárkrémet, a szódabikarbónát és a sót. Hozzákeverjük a cukrot, és finoman bedörzsöljük a vajat vagy a margarint. Adjuk hozzá az írót (vagy helyettesítjük), és villával keverjük össze, hogy elég lágy tésztát kapjunk. Lisztezett felületre borítjuk, és gyorsan és enyhén simára gyúrjuk. Simítsa ki egyenletesen 1 cm vastagságúra, majd vágja körökre egy 5 cm-es pogácsaszaggatóval. Tekerjük fel a paszományokat, és folytassuk a szeletelést. Rendezzük el egy kivajazott, 10 hüvelykes/25 cm-es lapos tányér széle köré. Megkenjük tojással, és megszórjuk cukor-fahéjas keverékkel. Fedő nélkül, 4 percig főzzük, négyszer megfordítva a serpenyőt. Hagyjuk állni 4 percig, majd tegyük át rácsra. Élvezd még forrón.

Mazsolás zsemle pogácsa

Körülbelül 8-at tesz ki

Készítse el úgy, mint a zsemlepogácsát, de adjon hozzá 15 ml/1 tk. evőkanál mazsola cukorral.

Kenyerek

Az élesztős kenyerekben használt folyadéknak langyosnak kell lennie, nem forró vagy hideg. A megfelelő hőmérséklet elérésének legjobb módja, ha félig forrásban lévő folyadékot félig hideg folyadékkal keverünk össze. Ha még mindig forró, amikor a kisujja második csuklóját mártja, használat előtt hűtse le kissé. A túl forró folyadék problémásabb, mint a túl hideg, mert elpusztíthatja az élesztőt, és megakadályozhatja a kenyér megkelését.

Alap fehér kenyér tészta

1 vekni készül

Gyors kenyértészta azoknak, akik szeretnek sütni, de időhiányban szenvednek.

450 g/1 font/4 csésze erős sima liszt (kenyér)
5 ml/1 teáskanál só
1 csomag könnyen elkeverhető száraz élesztő
30 ml/2 evőkanál vaj, margarin, fehér főzőzsír (zsír) vagy disznózsír
300 ml/½ pt/1¼ csésze langyos víz

A lisztet és a sót egy tálba szitáljuk. Melegen, fedő nélkül, 1 percig kiolvasztjuk. Adjuk hozzá az élesztőt és dörzsöljük bele a zsírt. A vízzel pépesre keverjük. Lisztezett felületen simára, rugalmasra és nem ragacsosra gyúrjuk. Tegyük vissza a megtisztított és szárított, de most enyhén kikent tálba. Magát a tálat fedjük le fóliával (műanyag fóliával), ne a tésztát, és kétszer karcoljuk meg, hogy a gőz távozhasson. Melegítse újra a kiolvasztás felett 1 percig. 5 percig állni hagyjuk a mikrohullámú sütőben. Ismételje meg háromszor vagy négyszer, amíg a tészta a duplájára nem nő. Gyorsan gyúrja újra, majd használja a hagyományos receptek vagy az alábbi mikrohullámú receptek szerint.

Alap barna kenyér tészta

1 vekni készül

Kövesse az alap fehér kenyértészta receptjét, de az erős (normál) kenyérliszt helyett használja az alábbi lehetőségek egyikét:

- fele fehér liszt és fele teljes kiőrlésű liszt
- minden teljes kiőrlésű liszt
- fél maláta teljes kiőrlésű liszt és fele fehér liszt

•

Alap tejes kenyértészta

1 vekni készül

Kövesse a fehér kenyértészta alapreceptjét, de víz helyett használja
az alábbi készítmények egyikét:

- minden fölözött tej
- fele teljes tej és fele víz

Bread Bap

1 vekni készül

*Puha, halvány kéregű kenyér, amelyet többet esznek Nagy-
Britannia északi részén, mint délen.*

Készítsen fehér kenyér alaptésztát, alap barna kenyér tésztát vagy
alap tejes kenyér tésztát. Az első kelesztés után gyorsan és enyhén

összegyúrjuk, majd kb 5 cm vastag kolbászt formázunk belőle.
Kivajazott és lisztezett lapos kerek tányérra rendezzük. Fedjük le
papírtörlővel, és melegítsük újra a Defrost funkción 1 percig. 4
percig állni hagyjuk. Ismételje meg háromszor vagy négyszer, amíg
a tészta a duplájára nem nő. Megszórjuk fehér vagy barna liszttel.
Fedő nélkül, teljes erővel főzzük 4 percig. Hűtsük le rácson.

16-ot ad

Készítsen fehér kenyér alaptésztát, alap barna kenyér tésztát vagy
alap tejes kenyér tésztát. Első kelesztés után gyorsan és enyhén
összegyúrjuk, majd egyenletesen elosztjuk 16 darabra. Lapos
köröket formázunk. Két kikent és lisztezett tányér széle mentén
helyezzünk el nyolc tányért. Papírtörlővel letakarva, tányéronként,
kiolvasztással főzzük 1 percig, majd pihentetjük 4 percig, és
ismételjük háromszor-négyszer, amíg a tekercsek a duplájára nem
nőnek. Megszórjuk fehér vagy barna liszttel. Fedő nélkül, teljes
erővel főzzük 4 percig. Hűtsük le rácson.

Adj 12-t

Készítsünk úgy, mint a Bap Rolls-nál, de a tésztát 16 helyett 12
részre osztjuk. Helyezzen hat zsemlét a két tányér szélére, és süssük
meg az utasítás szerint.

Édes gyümölcsös zsemle

16-ot ad

Készítse elő, mint a Bap Rolls-nál, de adjon hozzá 60 ml/4
evőkanál. mazsola és 2 ek/30 ml. porcukrot (szuperfinom) a száraz
hozzávalókhoz, mielőtt hozzáadná a folyadékot.

Cornish Splits

16-ot ad

Készítsük el úgy, mint a Bap Rolls-t, de sütés előtt ne szórjuk meg a
tetejét liszttel. Kihűlt félbevágjuk, és tejszínnel vagy alvadt
tejszínnel és eper- vagy málnalekvárral díszítjük (megtartjuk). A
tetejét bőven megszórjuk szitált porcukorral. Egyél ugyanazon a
napon.

díszes tekercsek

16-ot ad

Készítsen fehér kenyér alaptésztát, alap barna kenyér tésztát vagy
alap tejes kenyér tésztát. Első kelesztés után gyorsan és enyhén
összegyúrjuk, majd egyenletesen elosztjuk 16 darabra. Négy

darabból kerek tekercseket formázunk, és mindegyik tetejébe vágjunk egy-egy hasítékot. Tekerjünk négy darabot 20 cm hosszú kötélekké, és kössünk csomót. Formázz négy darab bécsi tekercset, és mindegyiken készíts három átlós bemetszést. A maradék négy darabot osszuk fel harmadára, sodorjuk szoros zsinórra, és fonjuk össze. Az összes tekercset kivajazott és lisztezett tepsire helyezzük, és melegen tartjuk, amíg a duplájára nem nő. Kenje meg a tetejét tojással, és süsse hagyományos módon 230°C/450°F/termosztát 8-as hőmérsékleten 15-20 percig. Vegyük ki a sütőből, és tegyük át a tekercseket egy rácsra. Hűtött állapotban légmentesen záródó edényben tárolandó.

Tekercsek feltétekkel

16-ot ad

Készülj fel, mint a Fancy Rolls-nál. A zsemle tetejének tojással való megkenése után szórjuk meg a következők valamelyikével: mák, pirított szezámmag, édesköménymag, zabkása, őrölt búza, reszelt kemény sajt, durva tengeri só, ízesített fűszersók.

Köménymagos kenyér

1 vekni készül

10-15 ml/2-3 evőkanál hozzáadásával elkészítjük a barna kenyér alaptésztáját. A köménymagot a száraz hozzávalókhoz keverjük, mielőtt a folyadékhoz adjuk. Az első kelesztés után enyhén átgyúrjuk, majd golyóvá formáljuk. Kivajazott ¾-qt./2-cup/450 ml-es kerek, egyenes oldalú tepsibe tesszük. Fedjük le papírtörlővel, és melegítsük újra a Defrost funkción 1 percig. 4 percig állni hagyjuk. Ismételje meg háromszor vagy négyszer, amíg a tészta a duplájára nem nő. Megkenjük felvert tojással, és megszórjuk durva sóval és/vagy további köménymaggal. Fedjük le papírtörlővel, és főzzük teljes erővel 5 percig, miközben az edényt egyszer megforgatjuk. További 2 percig főzzük teljesen. Hagyja pihenni 15 percig, majd óvatosan formálja ki egy rácsra.

rozskenyér

1 vekni készül

Fele teljes kiőrlésű lisztből és fele rozslisztből elkészítjük az alapbarna kenyér tésztát. Süssük úgy, mint a Bap-kenyeret.

olajos kenyér

1 vekni készül

Készítsen fehér vagy barna kenyértésztát, de más zsírokat
helyettesítsen olíva-, dió- vagy mogyoróolajjal. Ha a tészta ragacsos
oldalon marad, dolgozzunk bele egy kevés lisztet. Süssük úgy, mint
a Bap-kenyeret.

olasz kenyér

1 vekni készül

Készítse elő a fehér kenyér alaptésztáját, de a többi zsírt cserélje ki
olívaolajra, és adjon hozzá 15 ml/1 evőkanál piros pesto-t és 10
ml/2 teáskanál szárított paradicsompürét (tészta) a száraz
hozzávalókhoz, mielőtt belekeverné a folyadékot. Főzzük úgy, mint
a Bap Loaf-nál, hagyjunk további 30 másodpercet.

spanyol kenyér

1 vekni készül

*Készítse el az alap fehér kenyértésztát, de a többi zsírt cserélje ki
olívaolajra, és adjon hozzá 30 ml/2 evőkanál szárított hagymát (ha
száraz) és 12 apróra vágott töltött olajbogyót a hozzávalókhoz,
mielőtt a folyadékot hozzáadja. Főzzük úgy, mint a Bap Loaf-nál,
hagyjunk további 30 másodpercet.*

Tikka Masala kenyér

1 vekni készül

Készítse elő a fehér kenyér alaptésztáját, de a többi zsírt olvasztott ghí-vel vagy kukoricaolajjal helyettesítse, és a folyadék bedolgozása előtt adjon hozzá 15 ml/1 evőkanál tikka fűszerkeveréket és 5 zöld kardamom hüvely magját a száraz hozzávalókhoz. Főzzük úgy, mint a Bap Loaf-nál, hagyjunk további 30 másodpercet.

Gyümölcsös maláta kenyér

2 cipót készít

450 g/1 font/4 csésze erős sima liszt (kenyér)
10 ml/2 teáskanál só
1 csomag könnyen elkeverhető száraz élesztő
60 ml/4 evőkanál ribizli és mazsola keverék
60 ml/4 evőkanál malátakivonat
15 ml/1 evőkanál blackstrap melasz (melasz)
25 g/1 uncia/2 evőkanál vaj vagy margarin
45 ml/3 evőkanál meleg fölözött tej
¼ teáskanál/150 ml/2/3 csésze langyos víz
Vaj, kenhető

A lisztet és a sót egy tálba szitáljuk. Adjuk hozzá az élesztőt és a szárított gyümölcsöt. Tegye a malátakivonatot, a melaszt és a vajat vagy a margarint egy kis tálba. Felolvasztjuk, fedő nélkül, felolvasztva 3 percig. A liszthez adjuk a tejjel és annyi vízzel, hogy lágy, de nem ragadós tésztát kapjunk. Lisztezett felületen simára, rugalmasra és nem ragacsosra gyúrjuk. Két egyenlő részre osztjuk. Formázza mindegyiket úgy, hogy egy kikent 1½ qt/3¾ csésze/900 ml-es kerek vagy téglalap alakú edénybe illeszkedjen. Fedje le az edényeket, ne a tésztát, fóliával (műanyag fóliával), és vágja be kétszer, hogy a gőz távozhasson. Melegítse újra együtt a

Kiolvasztás funkcióval 1 percig. 5 percig állni hagyjuk. Ismételje meg háromszor vagy négyszer, amíg a tészta a duplájára nem nő. Távolítsa el a ragasztófóliát. Helyezze az edényeket egymás mellé a mikrohullámú sütőbe, és fedő nélkül, 2 percig főzzük. Fordítsa meg az edények helyzetét, és főzze további 2 percig. Ismételje meg még egyszer. 10 percig állni hagyjuk. Térjen vissza egy állványhoz. Teljesen hideg állapotban légmentesen záródó edényben tárolandó. Szeletelés és vajjal megkenés előtt 1 napig állni hagyjuk.

* 9 7 8 1 8 3 5 5 0 3 2 5 6 *